我们的北斗

本书编写组　编

图书在版编目（CIP）数据

我们的北斗 /《我们的北斗》编写组编著 . -- 北京 : 国防工业出版社 , 2022.7

ISBN 978-7-118-12506-1

Ⅰ . ①我… Ⅱ . ①我… Ⅲ . ①卫星导航—全球定位系统—中国—青少年读物 Ⅳ . ① P228.4-49

中国版本图书馆 CIP 数据核字 (2022) 第 117774 号

编写指导专家

李作虎　王诚龙　焦文海　肖雄兵

刘　莹　田小川　刘晓非　赵云祎

本书编辑组

主　　任　许西安　杨　勇

副 主 任　欧阳黎明　王　娴　徐　辉

成　　员　卢　璐　赵　晶　曹　晨　陈　飞

王京涛　刘　翾　高　蕊　潘　越

统筹策划　卢　璐

责任编辑　王京涛　欧阳黎明　高　蕊

出　　版　国防工业出版社　江苏凤凰教育出版社

发　　行　国防工业出版社　江苏凤凰教育发展有限公司

印　　刷　北京龙世杰印刷有限公司

开　　本　710mm × 1000mm　1/16

印　　张　5.25

版　　次　2022 年 9 月第 1 版第 1 次印刷

印　　数　1-10000 册

定　　价　20.00 元

北斗寄语

我身处浩瀚星空的北疆一隅，那永远闪烁的七星列阵便是我的身影。无尽岁月，我坚守在此，四季更迭、斗转星移、沧海桑田，都不曾磨灭我指向北方的意志。亿万年来，我始终如一，无怨无悔，赢得万众的无限信任与依赖，也因此博得了永世长存的显赫声名。

几代北斗人薪火相传，共同铸就了一份杰作，我被他们执着坚强、勇敢智慧的精神所感动，愿将他们的杰作视作我的一个崭新的伟大生命，并将自己的名字赠与它。

新生的它身世不凡，它植根于那块九百六十万平方千米的土地，历经磨难而生，最终，依靠创新、图强的气概建立起完整的战友团队。

新生的它刚一完成冲天而起的壮举，便用精致和优异超越了同类，成为 2020 那一年举世仰慕的卓越精彩，让孕育它的祖国从此不再受限他者，也给世人增加了一种可靠又可贵的选择。

我不得不承认，它比我更强，比我做得更好，且已经远远超越了我，它修炼的技能不仅精深过我，更有甚者，其种类多样，让我望尘莫及。对此，我虽有些汗颜，但我依然以它为荣，因为，它是我的新生。

新生的它倾心那遥远的蓝色星球，总是高悬在它的周边天际，与它的每个角落如胶似漆地时刻保持着密切的联系，它的全名叫作北斗卫星导航系统，我获悉它的缔造者和科教专家联手给它著书立传，现推介此书，并托请收悉此信息者详阅，以慰藉我那遥远的思念之情。我将借此书之地予以重谢！

目录 CONTENTS

第一单元　导航知多少…………………………………… 1

第一课　走进导航…………………………………………2

第二课　导航的前世………………………………………6

第三课　导航的今生……………………………………… 11

第二单元　北斗知多少…………………………………… 15

第一课　自力更生建北斗………………………………… 16

第二课　北斗建设三步走………………………………… 19

第三课　北斗的基本组成………………………………… 29

第四课　卫星导航新时代………………………………… 34

第三单元　北斗创造美好家园…………………………… 39

第一课　北斗相伴，保护国家安全……………………… 40

第二课　北斗相伴，助力监测救援……………………… 44

第三课　北斗相伴，畅享智慧生活…………………………… 48
第四课　北斗相伴，共享智能交通…………………………… 52

第四单元　新时代北斗精神…………………………… 57

第一课　自主创新…………………………………………… 58
第二课　开放融合…………………………………………… 64
第三课　万众一心…………………………………………… 68
第四课　追求卓越…………………………………………… 72

第一单元　导航知多少

从刻在石板上的特殊符号，到印在纸张上的世界地图，为了描绘出世界的全貌，人类经历了怎样的艰辛？从指南针的发明，到利用卫星指引道路，人类为了到达想去的地方，又付出了怎样的努力？

今天，当我们拿出手机就能清楚自己的精确位置时，我们是否了解人类探索导航技术的曲折历程呢？

就让我们拨动历史的转轴，一起探寻导航技术的更迭吧。

第一课　走进导航

如今，人们对于地理位置的需求已经渗透到工作、学习以及生活的方方面面，奔波在外的旅行者、流动在城市大街小巷的快递小哥、航行在浩瀚海洋上的货运邮轮……都离不开导航技术。让我们通过本课走进导航，了解定位、导航、授时如何服务于我们的日常生活。

“叮叮叮、叮叮叮……”每天早晨清脆的闹铃声准时响起。当我们熟睡时，闹铃会在起床时刻提醒我们。如果我们不知道时间，可以看手机、问钟表。那么同学们，你们有没有想过，手机、钟表是怎么知道时间的呢？整个国家的时间基准又是如何统一的呢？这就离不开卫星导航系统的支持。卫星导航系统一般称为导航定位系统，导航定位的核心是各卫星之间严格的时间同步。时间同步可以理解为各卫星时间高度一致，这种高度一致不是我们日常生活所能感知的秒级精准，而一般是

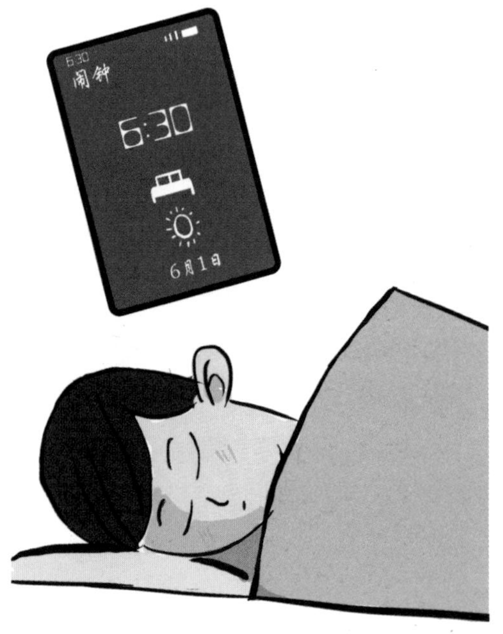

在纳秒级，也就是十亿分之一秒。卫星在天上 24 小时不间断地播发时间信息，地面各式各样的系统、设备接收到卫星播发的时间信号后，就可以无比精确地核对、校准自己的时间。我们上网时，可以直接获取时间信息，这个时间信息就是从卫星上得到，再经由互联网传播出来的。因此，卫星导航系统具有授时功能，并且是目前应用最广的授时系统。授时就是告诉大家，现在是什么时间。

“今天是六月一日，星期一，天气晴……”家里的智能音箱正在为你播报今天你家所在城市的天气情况。你可能没有意识到，原来这准确的位置信息，也来自天上卫星导航系统的勤奋工作。卫星定位是利用卫星完成准确定位的技术，定位也就是告诉我们，自己所处的位置在哪里。卫星定位技术从最初的定位精度低、时间长、难以提供即时服务，发展到现如今的全球高精度定位，可以实现在任意时刻对地球上任意处的精确定位，用来引导飞机、船舶、车辆以及个人，实时获取自己的位置。在互联网出现以前，卫星定位是一个很专业的技术，只有测绘等领域会用上这种技术，定位需要使用专用的接收机，以接收来自卫星的信号。随着移动电话集成了卫星定位芯片，卫星定位的应用得到爆发式增长，用户数量一下子提升到几十亿，也产生了海量的位置数据。如今我们每个人打开手机，可以随时获取自己的位置信息。另外，随着火箭发射技术的革命性进步，卫星发射成本急剧下降，使得向太空发射大批量低轨卫星（距地面几百千米）用于定位的方案成为可能。

“滴滴……”吃过早饭，要去上学了，装有卫星导航智能终端的校车已经停在路口。导航通俗来讲就是根据自己当前所在位置，引导自己到达要去地方的过程。卫星导航技术就是利用天上卫星，引导我们到达目的地的技术。卫星导航综合了传统导航系统的优点，不受天气、时间、地域限制，真正实现了全天候、全天时、全球高精度无源导航定位。这里的无源是说只要我们配备一块卫星导航芯

片，可以正常接收导航卫星信号，就可以由导航芯片和天线自主计算，提供导航服务。当我们乘坐校车前往学校，行车信息实时更新，传递给家长、学校，让他们时刻掌握我们的安全情况。同时，卫星导航与互联网的深度结合，让人们通过手机就能实时了解道路的拥堵情况，从而合理规划路线，绕行拥堵路段。

上完一天课，等我们放学回到家，去楼下快递柜取快递，我们也能发现，快递的运送轨迹已经被详细地记录下来……这些都离不开卫星导航的默默支持。

在人类社会中，绝大部分信息与“位置”和“时间”有关。卫星导航系统可以为用户提供定位、导航、授时三大功能，是提供时空数据最重要的基础设施。它在地球轨道上不间断地将位置、时间信息播发，这些信息进入互联网和各行各业的设备、系统，被人们广泛使用。

知识扩展：动物是如何导航的？

每年，数十亿只鸟类动物会离开它们在温带的繁殖地，到热带或亚热带地区越冬。它们大多在夜间迁徙，一些当年初飞的小鸟在没有和成鸟保持联系的情况下，依然会自己迁徙，许多成年鸟类能够完成超过5000千米的长距离迁徙。

在海洋中，许多分散的珊瑚礁鱼类幼年个体在遭受洋流肆虐数周之后能重新定位出出生的珊瑚礁的位置，欧洲河流里的鳗鱼能够以各种方式最终抵达数千千米之遥的海域产卵，之后出生的小鳗鱼也能准确返回到欧洲。

动物之所以能够实现精准高效的导航，是自身生物特征与外部条件长期进化和综合作用的结果。动物本身具备特殊的感知能力，如夜行动物的超强夜视能力、蝙蝠和海豚的回声定位能力、蝮蛇的红外感知能力、昆虫检测空气中分子信号的超感能力等，这些独特的感知能力，是动物实现精准定位、精准迁徙的必备条件。在回声定位方面，蝙蝠的生理构造可谓达到了完美。蝙蝠通过接收物体反射的超声波，来感知物体位置。这就从科学上解释了为什么多种蝙蝠能在黑暗中成为定位和捕猎高手。

互动空间

除了上述介绍的例子，你还知道哪些动物具备导航本领呢？查阅相关资料，再举3个动物导航的例子。

第二课　导航的前世

对于我们人类而言，最早生活的空间是非常有限的，很可能就是走路或者骑马所能到达的一个范围。在这个有限的空间内，外出打猎或采集野果的人用石头、树作为标志进行图像匹配定位定向。后来，随着人类活动范围的扩展，在第一次到达，或没有标志的海洋、空中，就需要更加精确的导航工具来指引，人造导航仪器也因此得到了发展。

我国古代劳动人民早在战国时期就发明了司南。公元88年，东汉王充在《论衡》中提到："司南之杓，投之于地，其柢指南。""司南"是一种早期的辨向工具，也是指南针的前身，它由一柄磁勺与一方刻有方位的铜盘组成，利用磁铁指极的特性为人们指向。到了唐代，堪舆风水之术大盛，配合堪舆的需要，人们对指南工具进行改进，使其更加便于操作，于是发明了"指南鱼"。通过火烧，利用地磁场将鱼形薄铁片磁化，使用时令指南鱼浮在水面，即可辨别

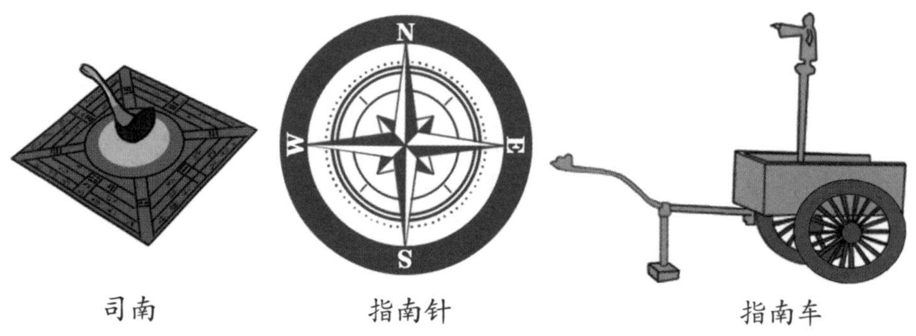

司南　　指南针　　指南车

方向。更为精确的指南针出现在宋代，沈括在《梦溪笔谈》中记载：“方家以磁石磨针锋，则能指南，然常微偏东，不全南也。”也正是改进的指南针，使我们的祖先发现了磁偏现象。“指南”的早期导航仪器还有我国古代的指南车。与指南针利用磁石指南的原理不同，指南车利用的是机械传动系统传递前后两车轮在运行时的动力差以带动车上指向的木人来指明方向。

当陆地上的探索到达一定阶段以后，我们的祖先又将目光投向了茫茫大海。在中国古代，船舶在海上航行时，驾船人会通过观察天体来导航。西汉时期的《齐俗训》中就曾记载：“夫乘舟而惑者，不知东西，见斗极则悟矣。”这里的“斗极”分别指的是“北斗七星”与“北极星”。“北斗七星”是北半球天空中的重要星座，因七颗星连起来状似斗勺而得名。这七颗星依次为天枢、天璇、天玑、天权、玉衡、开阳、摇光（又作瑶光），将天璇星与天枢星相连，在这个延长线上约五倍远的位置便可以找到北极星，北极星在天上的位置相对恒定，从而辨别北方。除此以外，日、月也可作为海上航行时重要的天然辨向工具。东晋名僧法显大师从海外取经归来有“大海弥漫，无边无际，不知东西，只有观看太阳、月亮和星辰而进”的经历。最为出名的天文航海术，应当是明代郑和航海图中记载的过洋牵星术。这种技术利用乌木制成的牵星板，根据天

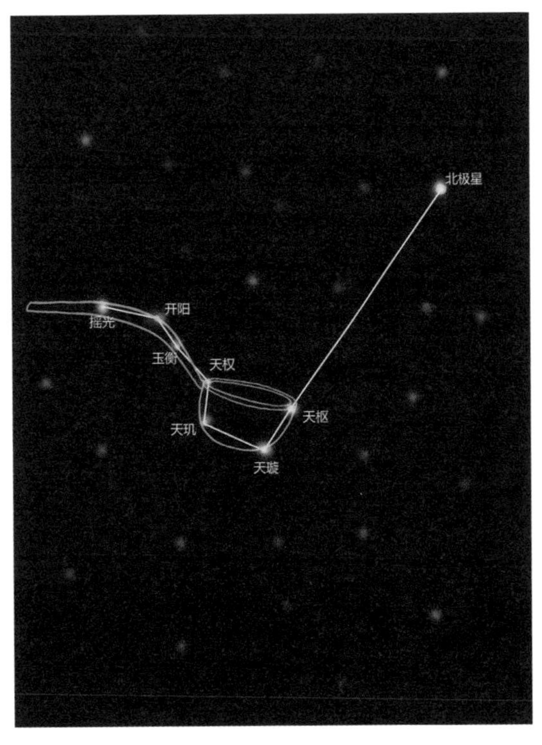

六分仪

上星宿位置及海平面高度角来确定航行中船舶的前行方向。

在12世纪，中国四大发明之一的指南针由中国传入欧洲，在大航海时代发挥了举足轻重的作用。当时西方的航海家们，会将罗盘与沙漏、六分仪、航海图配合使用，构成早期的定位、导航、计时系统，通过计算出发的时间与方向在海上定位。后来海航表的出现代替了沙漏，这种更加准确的计时工具使海上定位也变得更为精准。

现代导航定位系统蕴含着早期观星辨向和司南指路的理念，共同勾勒出人造导航“从无到有”的历史画卷，充分展示出人类在这片广袤的地球上，凭借自身的智慧披荆斩棘、乘风破浪的血气与精神。

知识扩展：经纬度的测定

相信大家在地理课本上已经学过“经纬线”。正是这些纵横交错的经纬线，人们才有了通用的方式来标定地球上任意一点的精确位置。从大航海时代看，首先能够测量的是纬度，当时使用的主要工具是六分仪。纬度测量的原理是不同纬度地区观测同一颗恒星的高度角是不同的。然而经度却不能如此简单地测量。因为经度很大程度上是人类定义出来的，不同经度并没有太大区别。历史上，人类通过罗盘、磁针或通过观察天体可以确定南北方向，但由于地球自转和公转，东西方向经度的测算成为困扰人类很长一段时间的难题。1714年，英国政府巨额悬赏，征集一种能在海上有效测量经度

的方法，然而赏金数十年间无人领取，可见问题之难。1761 年，英国圣公会的牧师内维尔·马斯基林接受了这个挑战。在前人工作的基础上，马斯基林发表了一份图表，显示出英格兰的格林尼治在 1767 年里每一天中太阳、月球、地球和许多其他星体的相对位置。有了这份图，几千英里外的海员可以利用六分仪测出月距，进而算出格林尼治时间，通过时间差计算出当地经度。马斯基林和他的同事们制作的这份图成为了新的主流航海历。每年发行，成为全世界航海家不可或缺的指南，

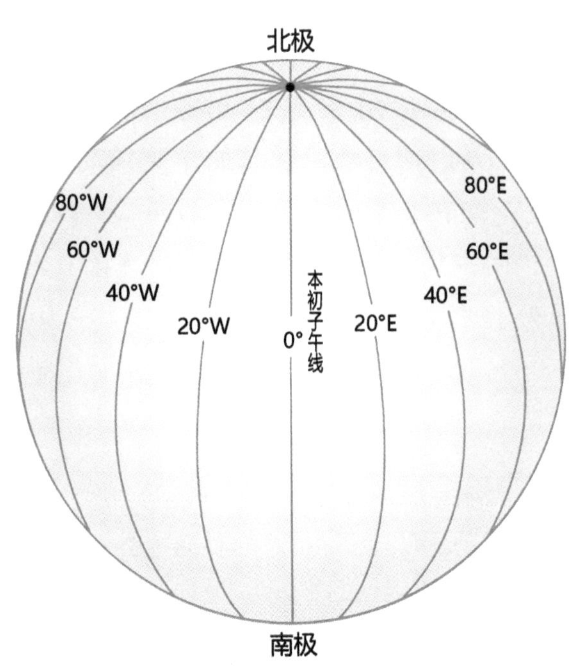

也让格林尼治线成为0°经度基线，本初子午线。

本质上，世界各地经度差异其实是时间差异，以格林尼治为基准时间，人们可以通过太阳到达最高位置的时间与格林尼治标准时间的正午时间差来推算该地的经度。至于十分精确而且比较方便地使用经纬度，是在200年后，随着卫星导航系统建成，可以通过使用手持定位仪迅速便捷地判断自己所在地的精确经纬度。

互动空间

请查阅地图信息，回答下列问题：

上海的李先生随团出国旅游，但忘记调整时间和日期了。李先生发现，该地正午12时自己手机上的时间是6时20分。那么该地的经度为（ ）。

A.40° E　　B.160° E　　C.80° W　　D.155° W

答：时差=12时−6时20分=5时40分=$5\frac{2}{3}$时；经度差=15°×$5\frac{2}{3}$=85°。上海采用北京时间，所在区位的中央经度为120° E，当地时间比北京时间早，即在北京的东面，东加西减，180°经线与120°经线相差60°，向东越过180°经线后，经度差只剩25°，继续向东数25°，即为155° W。

第三课　导航的今生

历经了千百年的探索积累，定位导航技术在20世纪迎来了革命性的进步。两次世界大战使得一大批新科学、新技术应运而生，轮船、飞机等交通工具的问世，对定位导航技术提出了新的要求。此时，无线电导航技术脱颖而出，成为导航史上的独特发明。20世纪20年代，无线电广播电台已经得到了广泛的应用，这些电台为飞机指明了方向。

20世纪初，美国将首个无线电定向装置投入海军使用。当时无线电定向导航的准确度不高，但已经让人们认识到无线电导航的魅

力。20 世纪中期，英、法、荷等国加大无线电导航站的建设力度，形成了一张覆盖广袤的“网”，为过往通行的飞机和船只引导航向。

随着人类在全球范围内经济、政治等领域的互动日益频繁，对于定位导航的需求也越来越高。地面上的无线电导航要覆盖全球是一件不可能实现的事情，人造卫星的成功发射给了人们启发。美国海军认为，要保证全球化的导航定位服务，为远洋船只和潜艇提供有效的导航，一个创新的办法就是把无线电导航系统搬到环绕地球飞行的卫星上，建立“天上灯塔”。在这个想法的支持下，美国成功发射了世界上第一颗实验性的导航卫星——子午仪 1B，并在 1967 年 7 月建成“子午仪”卫星导航系统投入使用。“子午仪”系统可

实现全球覆盖，全天候全天时工作，具有陆基无线电导航所不具备的优势，因而应用范围迅速增长。尝到甜头的美国人没有局限于此，而是将目光放在了新一代卫星导航系统的研制上，也就是大名鼎鼎的美国全球定位系统。1973 年，美国正式启动全球定位系统项目，全球定位系统采用与“子午仪”系统完全不同的原理，能够有效解决“子午仪”系统的各种缺陷。随后，苏联 / 俄罗斯、欧盟、中国等纷纷开始了全球卫星导航系统的研制和建设。经过数十年的发展，我们日常生活中许多应用都离不开卫星导航系统的支持，卫星导航已经成为最常用的定位导航授时方法。

伴随着社会的发展和科技的进步，导航技术也在不断实现突破，从最早的地标导航到如今的卫星导航，导航技术已经能够满足我们在地球表面和大气层内大部分活动的需要。随着人类探索的步伐逐渐向太空拓展，导航系统也势必迎来新的发展和进步。人类对未来充满着美好和大胆的幻想，到那时的导航系统会是什么样的呢？让我们拭目以待。

知识扩展：什么是无线电？

无线电是指在自由空间（包括空气和真空）中传播的电磁波。尽管摸不到也看不见，但电磁波却时时处处存在。按照频率范围不同，电磁波可分为无线电、红外线、可见光、紫外线、X 射线等类别。无线电作为电磁波家族中重要的一员，其频率范围为 10KHz–30MHz。当我们拍打水面时，可以看到一层层水波逐渐向远处传播。无线电的传播也类似，但它的传播不仅限于平面，而是向三维空间扩展。电磁波的传播速度要比水波的速度快的多，它和光速一样，大约是 30 万千米每秒。无线电的出现给人们的生产生活方式带了巨大的变化。人们基于无线电的传输特性实现了信息在空间中的传输，发明了无线电报、无线电广播、电视、移动电话等，借助无线电的反射特性实现了对目标的探测，发明了雷达、无线电导航定位等技术。当前，无线电频谱资源支撑的无线电新技术、新应用不断涌现，无线电技术和应用更加广泛地渗透到人类社会的各个领域，在通信、广电、民航、交通、应急，以及遥测、遥感、射电天文、深空探测等领域发挥了巨大和不可替代的作用，成为经济和社会发展的重要驱动力。

互动空间

我们所见的太阳光就是可见光，也属于电磁波，而我们能听见声音，是因为声波的传播。请同学们查阅资料，了解一下光波与声波的不同。

第二单元　北斗知多少

北斗卫星导航系统是我国自主建设、运行的全球卫星导航系统，可以为全球用户提供全天候、全天时、高精度的定位、导航、授时和短报文服务，对于国家安全和社会经济发展具有重要意义。

“夔府孤城落日斜，每依北斗望京华。”自古时起，北斗七星就已经是人们辨别方位的依据。北斗七星在我国古代星象学中占有重要地位，寄托着人们对于天空的向往。古籍《鹖冠子》记载：“斗杓东指，天下皆春；斗杓南指，天下皆夏；斗杓西指，天下皆秋；斗杓北指，天下皆冬，”因此，我国自主建设运行的卫星导航系统以“北斗”二字命名，不仅仅是其作用的体现，更是对中华民族探索精神的传承。北斗卫星导航系统一贯秉持着“中国的北斗、世界的北斗、一流的北斗”发展理念，践行“自主创新、开放融合、万众一心、追求卓越”的新时代北斗精神，始终坚持北斗卫星导航系统对全世界的开放性，为造福人类贡献中国力量和智慧。下面就让我们一起走进北斗的世界吧！

第一课　自力更生建北斗

从古至今，人们日常生活的方方面面都离不开时间和空间信息。试想一下，如果你不知道什么时间在哪里上课，那么你很有可能会迟到。在北斗卫星导航系统建立之前，美国全球定位系统等系统已经可以提供免费、成熟的全球定位服务，为什么我国还要投入如此巨大的财力、物力建造自己的定位导航系统呢？下面的两件事，或许会让你明白其中的原因。

海湾战争：全球定位系统初登场大放异彩

1991 年海湾战争爆发，美国军方首次将尚处于建设中的全球定位系统投入到实战，向全世界展示了何为现代战争。在这场战争中，美军大量使用精确制导武器，在全球定位系统的支持下，288 枚“战斧”导弹命中率高达 98%！伊拉克的百万大军和装甲兵团在美军的科技压制面前形同虚设，根本无法组织起有力的抵抗。战后，美国更是将战争的胜利归功于“全球定位系统的胜利”。

海湾战争使各国意识到卫星导航系统在各领域的重要作用，于是纷纷开始研制属于自己的卫星导航系统。

立足国情：建设有中国特色的卫星导航系统

美国全球定位系统的建设与应用令其他国家逐渐意识到：卫星导航系统是国家重要的时空基础设施，能够在维护国家安全，促进国家建设方面发挥重要作用。为了维护国家和人民的信息安全，为了进一步提升综合国力，我国向建设自己的卫星导航系统发起了探索。

当时我国正处于改革开放初期，无论是经济基础还是技术实力，都难以支撑我们全盘复制美国和苏联的卫星导航系统建设模式，如何让我国的卫星导航系统建得起、用得早，成为科研团队面对的首要难题。

1983 年，“两弹一星”元勋、“863 计划”倡导者之一陈芳允院士，创造性地提出“双星定位”构想，这一构想为我国独立建设卫星导航系统提供了一条新思路。我们不必遵循世界先进卫星导航系统一步实现服务全球的模式，而是可以先解决“从无到有”的问题，以最小星座、最少投入、最短时间满足当时我国及周边区域的应用要求。

构想的提出加速了北斗系统的建设进程。1994 年，北斗一号系统工程正式立项，2000 年，我国发射了两颗北斗一号卫星，并投入运行，北斗一号卫星导航系统的正式建立，使得我国成为继美国、俄罗斯之后世界上第三个拥有自主卫星导航系统的国家。

北斗一号系统虽然卫星数量少，但是它的投资小，能提供区域范围内的定位、导航、短报文通信等服务，初步满足了我国对导航定位的应用需求，在民生领域发挥了重要的作用，特别是在 2008 年南方冰冻灾害、汶川地震、2010 年玉树地震等抢险救灾中发挥了重要作用。

卫星导航系统事关国家的安全和战略发展，依靠我们自己的力量建设“北斗”，不仅是历史发展的大势所趋，亦是无数北斗人共同的追求。

知识拓展：什么是 GNSS

GNSS 的全称是全球导航卫星系统（global navigation satellite system），它是泛指所有的卫星导航系统，包括全球的、区域的和增强的，如美国的全球定位系统、俄罗斯的格洛纳斯、欧盟的伽利略、中国的北斗卫星导航系统，以及相关的增强系统，如美国的 WAAS（广域增强系统）、欧洲的 EGNOS（欧洲静地导航重叠系统）和日本的 MSAS（多功能运输卫星增强系统）等，还涵盖在建和以后要建设的其他卫星导航系统。

<table>
<tr><th colspan="2">全球系统</th><th colspan="2">区域系统</th><th colspan="2">增强系统</th></tr>
<tr><td rowspan="3">美国</td><td rowspan="3">GPS</td><td rowspan="6">日本</td><td rowspan="6">QZSS</td><td rowspan="2">美国</td><td rowspan="2">WAAS</td></tr>
<tr></tr>
<tr><td rowspan="2">俄罗斯</td><td rowspan="2">SDCM</td></tr>
<tr><td rowspan="3">俄罗斯</td><td rowspan="3">GLONASS</td></tr>
<tr><td rowspan="2">日本</td><td rowspan="2">MSAS</td></tr>
<tr></tr>
<tr><td rowspan="3">欧盟</td><td rowspan="3">Galileo</td><td rowspan="6">印度</td><td rowspan="6">IRNSS</td><td rowspan="2">欧盟</td><td rowspan="2">EGNOS</td></tr>
<tr></tr>
<tr><td rowspan="2">尼日利亚</td><td rowspan="2">NIGCOMSAT-1</td></tr>
<tr><td rowspan="3">中国</td><td rowspan="3">BDS</td></tr>
<tr><td rowspan="2">印度</td><td rowspan="2">GAGAN</td></tr>
<tr></tr>
</table>

互动空间

俄罗斯于 1996 年正式建成格洛纳斯系统，但由于经济问题导致系统性能衰退，2003 年俄罗斯开始重建，至 2011 年重新实现全球覆盖，完成恢复重建。此后，俄罗斯开始对系统全面现代化升级。查阅资料，了解一下俄罗斯格洛纳斯系统的发展历程。

第二课　北斗建设三步走

在全球卫星导航系统的建设过程中，美国和苏联均采用一步到位的建设模式。20 世纪 80 年代，我国开始探索建设卫星导航系统的道路，由于当时的经济、技术以及人才储备方面的限制，很难复制美、苏的建设模式，因此必须寻找出一条符合我国国情的建设道路。经过不断的探索与论证，最终形成了一条具有我国特色的卫星导航系统建设路线："三步走"发展战略。自 20 世纪 90 年代起，北斗系统启动研制，历经二十余载，在"三步走"发展战略的指导下，实现了从有源到无源、先区域后全球的建设目标，交出了一份令人满意的答卷。

第一步：北斗一号，零的突破

面对技术储备、工程经验、科研经费的欠缺，陈芳允院士创造性地提出了利用两颗地球同步卫星进行定位的设想：利用已知的地球半径和高程数据，通过两颗地球同步卫星测量出卫星到目标的距离就可以完成对目标位置的确定。这就是我们常说的"双星定位"系统。1994 年，北斗一号系统建设启动。2000 年，两颗地球同步卫星相继发射成功，标志着北斗一号正式建成并投入使用。自此，我国成为继美、俄之后世界上第三个拥有卫星导航系统的国家。

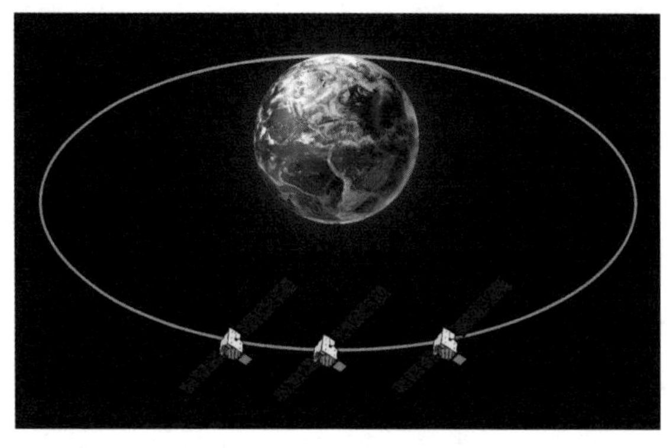

北斗一号布局示意图

北斗一号采用有源定位机制，尽管性能有限，但从全局发展角度来看，这种方案以“最小星座、最少投入、最短周期”实现了中国卫星导航系统零的突破，初步满足了中国及周边地区的定位导航授时需求。北斗卫星导航系统的特色功能——短报文通信，也是依靠有源定位机制来实现的，北斗一号开创了定位导航授时通信一体化的先河，并被北斗二号、三号继承，因此，在中国的卫星导航系统建设之路上，北斗一号具有极其重要的探索意义。

知识拓展：有源定位与无源定位

有源定位需要用户首先响应北斗地面控制中心的出站信号，并向卫星发送定位请求，卫星将请求信号转发给地面控制中心，由地面控制中心接收转发信号并完成距离测量和用户定位结果计算，再将定位结果通过卫星转发给用户。无源定位则不需要用户发送定位请求，在用户端进行定位结果的计算。

北斗专家对于“有源”定位和“无源”定位曾给出一个形象的解释：无源定位就像收音机，只接收卫星信号，但并不向外发送信号；而有源定位就像对讲机，不仅可以接收信号还可以发送信号。

有源定位是一个双向通信的过程：用户向卫星发出定位请求，并最终收到卫星返回的定位结果。因此，北斗系统除告诉你何时在

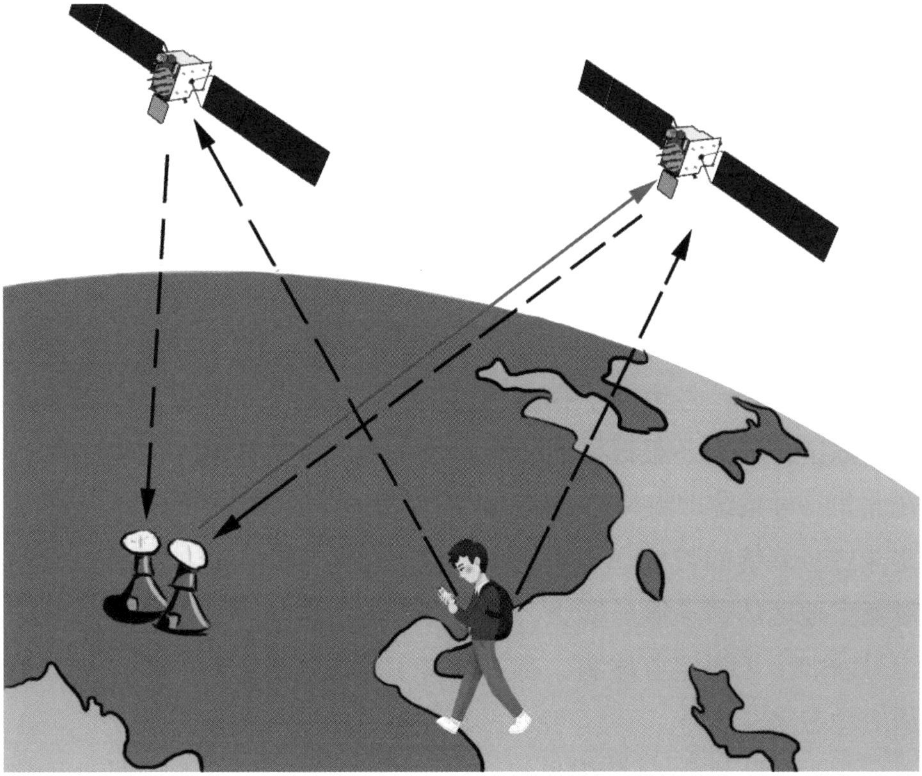

何地，还可以将你的位置信息发送出去，使其他人知道你的情况，这便是北斗的特色功能——短报文通信。在应急救援中，北斗短报文通信具有重要作用，在基础通信设施被毁的情况下，可以利用北斗卫星将位置和灾情信息传输出去，为救援展开争取时间。

互动空间

北斗系统采用“有源＋无源”的技术体制。思考下列问题，加深对两种定位方式的理解。

（1）有源定位与无源定位的解算过程分别在哪里进行？

（2）无源定位不需要发送信号，是更安全的定位方式，这是为什么？

名词解释

定位解算就是确定用户目标位置、速度和时间的过程。

第二步：北斗二号，区域覆盖

尽管北斗一号填补了我国卫星导航领域的空白，但是距离真正的全球定位能力还很远。北斗人早就将目光放在了更长远的未来，在北斗一号系统即将建成之际,便启动了北斗二号系统的论证工作。北斗二号系统的目标，是完成从有源定位到无源定位的过渡，形成对亚太地区的覆盖服务能力。在保留有源定位体制的基础上，北斗二号增加了无源定位体制，有效解决了用户容量限制，可以更好地适应动态需求。

北斗二号共由 14 颗卫星组成，在星座布局方面，创造性地构建了中高轨混合星座架构，以 5 颗地球静止轨道（GEO）卫星和 5 颗倾斜地球静止轨道（IGSO）卫星为主体，配合 4 颗中圆地球轨道（MEO）卫星的“混搭”方式，保证以最少数量的卫星达到最好的覆盖效果。

北斗二号是以无源定位为主提供服务。无源定位是通过“三球交汇原理”进行定位的，即通过测量用户到三个已知点的距离就可

5颗GEO卫星

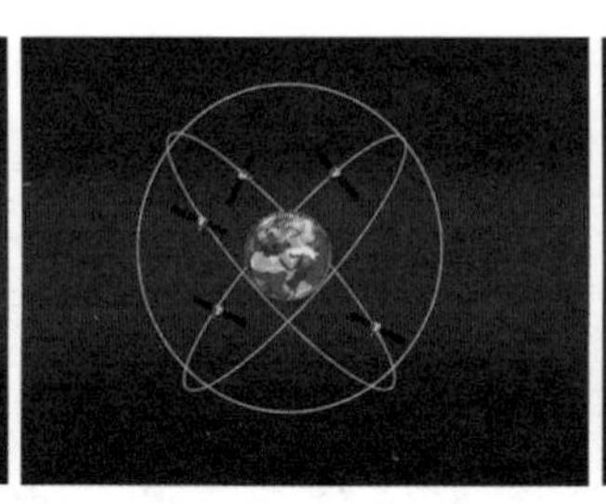

5颗IGSO卫星

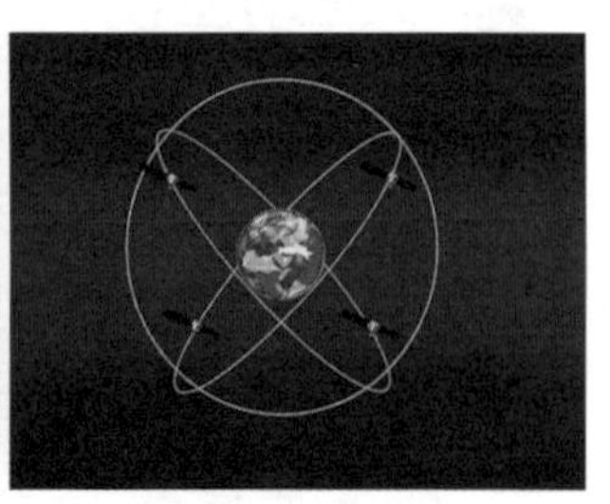

4颗MEO卫星

以确定位置。

我们将需要确定自身位置的用户称为待定位用户，当成功接收到卫星导航电文时，不仅可以获得当前时刻卫星在轨道上的位置坐标，同时还可以计算出用户距离该卫星的距离。对于这个距离我们可以这样理解：在以卫星所在的位置为球心，用户到卫星的距离为半径的球上，任意一点都可能是待定位用户的位置。这仅能确定用户的位置在球面上，为了准确确定用户的位置，至少需要 3 个这样的球，也就是最少需要接收来自 3 颗卫星的信号，才能完成定位，整个定位过程可以按照以下步骤来描述：

1. 用户同时测量自身到 3 颗以上卫星的距离并通过导航电文获得卫星位置信息；

2. 以卫星为球心、距离为半径画球面；

3. 三个球面与地球表面相交得到一个交点,此交点就是用户的位置。

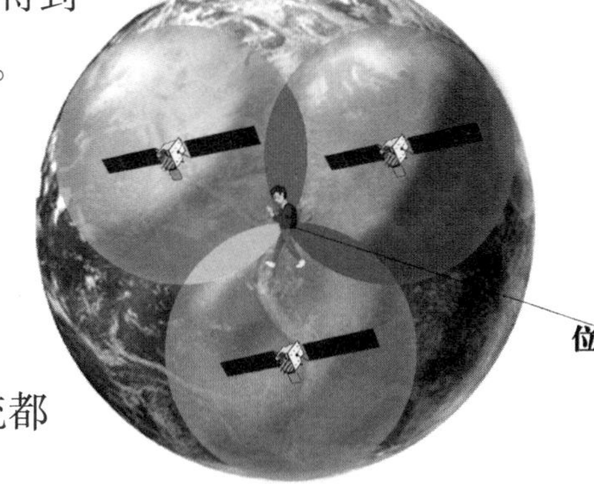

这就是“三球交汇”原理。因为考虑到钟差问题，还需要引入第四颗星。目前，美国全球定位系统、俄罗斯格洛纳斯、欧盟伽利略以及我国的北斗系统都是基于这种原理进行定位。

知识拓展：卫星轨道和频段资源的保护战

卫星轨道和频段是指卫星的空间轨道位置和所使用的频段，是导航系统建立的基础和前提。轨道资源和频段资源都是有限的，不同的轨道位置和频段特性有着较为明显的优劣之分，已成为各国争夺的重点。轨道和频段资源的分配采取先到先得的规则，只需要向国际电信联盟申请备案，并率先发射卫星开通频段，即可获得该频段的使用权。在80%的“黄金频段资源”已被美、俄占据的情况下，中国将目光放在了剩余的资源上，在2000年4月17日向国际电联提交了频段申请。按照国际电联“逾期作废”的规则，申请的有效时间是7年，也就意味着必须在自申请提出的7年内完成卫星发射。这对于当时技术尚未突破，核心器件仍依赖国外的中国来说是一个巨大的挑战。然而，没有频段就没有卫星导航系统，这是一场关乎北斗生死存亡以及未来发展的关键之战，必须打赢。北斗团队充分发挥顽强协作的精神，在全国上百家单位、八万多人的齐心协力下，成功打赢了这场硬仗，在2007年4月14日完成卫星发射，实现频段保护，并在2010年又发射了一颗卫星，正式启用了该频段。

互动空间

未来，随着科技的发展，轨道上的卫星会越来越多，然而频段资源是有限的，因此国家之间的合作共用是必然的趋势。请你思考一下未来各国之间应该如何展开合作，确保频段资源的高效利用。

第三步：北斗三号，完成全球组网

随着北斗二号系统区域导航服务能力的实现，我国的卫星导航事业终于迎来了向全球组网迈进的关键时刻。2009年，北斗三号系统建设启动，到2020年北斗三号系统全面建成。北斗三号系统由3颗GEO卫星、3颗IGSO卫星和24颗MEO卫星构成空间星座，在北斗二号系统的基础上，北斗三号系统采用了更先进的技术和更高

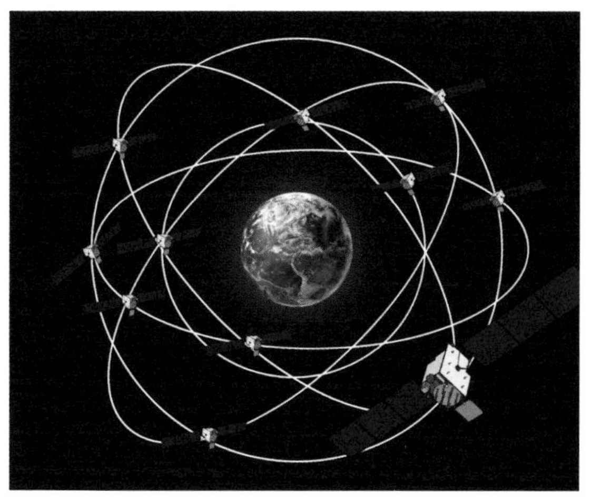

性能的原子钟设备，进一步提升了系统性能，可以为全球用户提供高精度、高可靠的定位导航授时服务。

由于我国很难在全球范围大规模建立地面站，为了解决境外卫星数据传输的问题，北斗三号系统创造性地设计出了星间链路，即在卫星之间建立通信测量链路，以实现卫星与卫星、卫星与地面站的链路互通。星间链路技术可以让北斗卫星相互之间进行通信和数据传输，让它们拥有自己的“语言”进行灵活的“对话”，不仅减轻了地面管理维护压力，更重要的是，万一地面站因故障而失效，通过星间链路，北斗卫星依旧可以为用户提供精准定位和授时服务。

北斗卫星导航系统强大的核心竞争力在于自主创新。从北斗一号系统的双星定位到北斗二号系统的混合星座设计，再到北斗三号的星间链路创新设计，中国北斗的字典里没有墨守成规，北斗人在向世界学习的同时，又勇于另辟蹊径，在他们认准的正确道路上，一路披荆斩棘，奋力前行，不达目的誓不罢休。他们坚持在创新中发展、在发展中提升，走出了一条具有中国特色、充满中国智慧的北斗发展之路。事实证明，这条路是正确的，更是成功的。

知识拓展：卫星定位的基本数学原理

为了加深理解，我们进一步从坐标的角度来理解一下定位原理。

地球上任意一点都可以通过空间坐标来表示。如下图所示，我们将用户所在位置假设为 O 点，坐标为（X，Y，Z）。在 T 时刻，用户接收到卫星 A 的信号，从信号中提取卫星 A 的位置坐标为（X_A，Y_A，Z_A）和信号发送的时刻 T_A，并测量出卫星到用户的距离为 d_{OA}。无线电信号在空气中的传播速度约等于光速，速度为 $c=3\times10^8$m/s，根据信号发送时刻和接收时刻，可计算出信号的传播时间，我们知道距离 = 速度 × 时间，因此可以获得用户到卫星的距离：

$$d_{OA}=c\times(T-T_A)$$

根据空间中两点之间距离的计算公式，我们可以建立距离与位置坐标的方程，即：

$$d_{OA}=\sqrt{(X_A-X)^2+(Y_A-Y)^2+(Z_A-Z)^2}$$

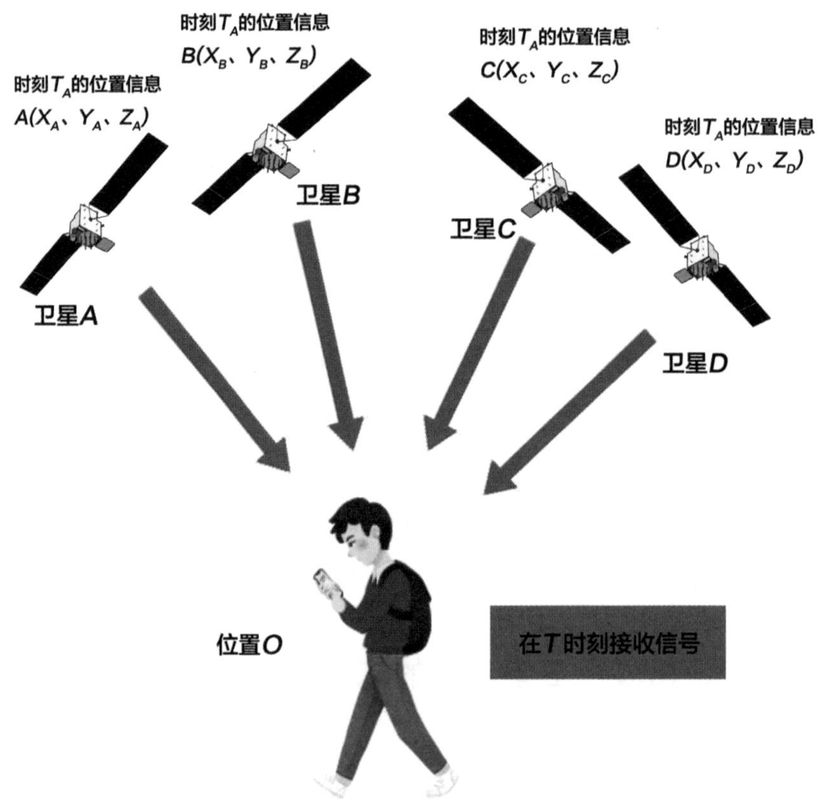

式中：（X, Y, Z）是我们需要求解的用户位置。可见，仅依靠一个方程并不能解出三个未知数，因此我们需要借助额外的两颗卫星B和卫星C，以此构成三个方程，即：

$$\begin{cases} d_{OA}=\sqrt{(X_A-X)^2+(Y_A-Y)^2+(Z_A-Z)^2} \\ d_{OB}=\sqrt{(X_B-X)^2+(Y_B-Y)^2+(Z_B-Z)^2} \\ d_{OC}=\sqrt{(X_C-X)^2+(Y_C-Y)^2+(Z_C-Z)^2} \end{cases}$$

因此，不论是从方程角度还是三球交汇的角度都说明了卫星定位的基本原则：至少需要三颗卫星信号才能完成一次定位。

然而在现实中，为什么卫星导航通常要求有4颗卫星才能完成定位呢？这是因为在导航定位的过程中，除了位置参数外，还需要计算时间，也就是钟差。卫星导航的距离测量是以时间为度量来实现的，要想准确的测量出距离，必须获取精确的信号发送和接收时刻。卫星上配备了高精度的原子钟，在地面主控站不间断的观测和修正下，整个北斗系统可以保持着严格的时间同步，也就是各个北斗导航卫星的“钟”是统一的，不存在时间差。然而，用户的时间却与卫星的时间不一致，存在超前或者滞后的偏差。我们接收到信号的时刻，实际上是用户本地时钟所标示的时刻，而非卫星时钟所对应的时刻，直接以这个时刻进行计算所得到的距离并非真实的距离。以上图为例，卫星信号发送时刻为T_A，用户段时钟接收时刻为T，对应的卫星时刻为T'，用户与卫星的时钟偏差为$\triangle T=T-T'$。因此，信号的真实传播时间为$T-\triangle T-T_A$，真实距离应为：

$$d_{OA}=c\times(T-\triangle T-T_A)=c\times(T-T_A)-c\times\triangle T$$

定义$\rho_{OA}=c\times(T-T_A)$，那么上述公式可以整理为：

$$\rho_{OA}=d_{OA}+c\times\triangle T$$

ρ_{OA}是空间距离加上光速与时钟偏差的乘积得到的和，它并非真正的空间距离而是我们在用户处计算出的距离，因此一般称之为“伪距”。尽管时钟偏差通常都很小，但是在光速的放大下，也会带来巨大的误差。当每秒钟时间误差为百万分之一时，所带来的位置误差会达到 300m 以上，因此钟差的解算是卫星导航定位不可或缺的过程。所谓的“四星定位”，也就是在“三星定位”的基础上，增加第 4 颗卫星作为时间参考标准加以应用。从方程的角度来说，4 个未知数，也意味着至少需要 4 颗卫星完成定位。

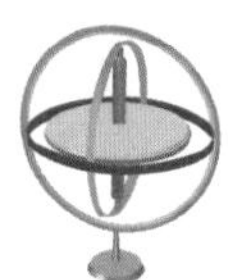

互动空间

描述一个物体的位置，首先需要建立相应的坐标系。仔细观察手机中导航软件的定位结果，大部分都是以经纬度的形式出现。由经纬度所构成的经纬网格就是卫星导航中最常用的坐标系之一，称为地理坐标系。除此之外，你还知道哪些坐标系？如果没有坐标系，会对定位造成怎样的影响？

第三课　北斗的基本组成

北斗卫星导航系统由空间段、地面段和用户段三部分组成，为了确保系统的正常运行，三者缺一不可，下面就让我们一起了解一下每个部分的功能。

空间段

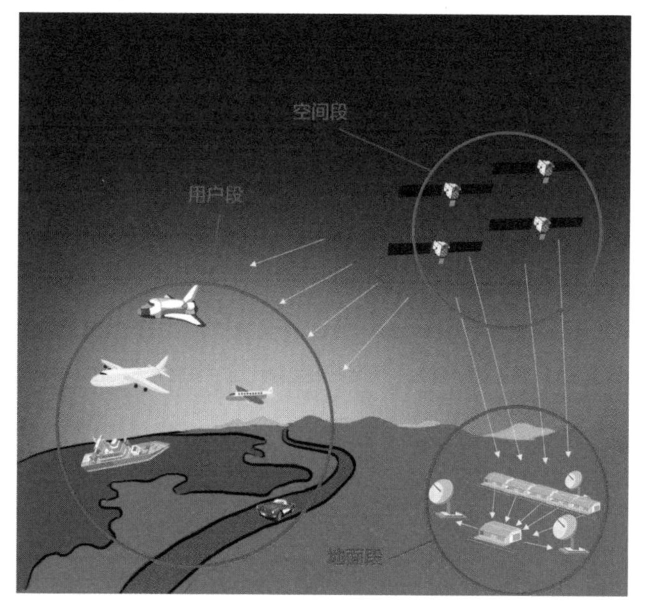

空间段主要指卫星星座，是保证北斗卫星导航系统定位、导航、授时功能的“太空天团”。北斗三号系统的空间段由30颗卫星构成，其中包括3颗GEO卫星、3颗IGSO卫星和24颗MEO卫星。基于混合星座设计，北斗卫星导航系统的覆盖能力大大加强。目前，在亚太地区主要国家，北斗卫星导航系统在可见卫星数目、覆盖程度以及定位精度上，均高于美国全球定位系统。北斗卫星上搭载了由我国自主设计研发的高精度原子钟，满足高精度定位需求。

北斗卫星发射一览表

卫星	发射日期	运载火箭	轨道
第 1 颗北斗导航试验卫星	2000.10.31	CZ–3A	GEO
第 2 颗北斗导航试验卫星	2000.12.21	CZ–3A	GEO
第 3 颗北斗导航试验卫星	2003.5.25	CZ–3A	GEO
第 4 颗北斗导航试验卫星	2007.2.3	CZ–3A	GEO
第 1 颗北斗导航卫星	2007.4.14	CZ–3A	MEO
第 2 颗北斗导航卫星	2009.4.15	CZ–3C	GEO
第 3 颗北斗导航卫星	2010.1.17	CZ–3C	GEO
第 4 颗北斗导航卫星	2010.6.2	CZ–3C	GEO
第 5 颗北斗导航卫星	2010.8.1	CZ–3A	IGSO
第 6 颗北斗导航卫星	2010.11.1	CZ–3C	GEO
第 7 颗北斗导航卫星	2010.12.18	CZ–3A	IGSO
第 8 颗北斗导航卫星	2011.4.10	CZ–3A	IGSO
第 9 颗北斗导航卫星	2011.7.27	CZ–3A	IGSO
第 10 颗北斗导航卫星	2011.12.2	CZ–3A	IGSO
第 11 颗北斗导航卫星	2012.2.25	CZ–3C	GEO
第 12、13 颗北斗导航卫星	2012.4.30	CZ–3B	MEO
第 14、15 颗北斗导航卫星	2012.9.19	CZ–3B	MEO
第 16 颗北斗导航卫星	2012.10.25	CZ–3C	GEO
第 17 颗北斗导航卫星	2015.3.30	CZ–3C	IGSO
第 18、19 颗北斗导航卫星	2015.7.25	CZ–3B	MEO
第 20 颗北斗导航卫星	2015.9.30	CZ–3B	IGSO
第 21 颗北斗导航卫星	2016.2.1	CZ–3C	MEO
第 22 颗北斗导航卫星	2016.3.30	CZ–3A	IGSO
第 23 颗北斗导航卫星	2016.6.12	CZ–3C	GEO
第 24、25 颗北斗导航卫星	2017.11.5	CZ–3B	MEO
第 26、27 颗北斗导航卫星	2018.1.12	CZ–3B	MEO
第 28、29 颗北斗导航卫星	2018.2.12	CZ–3B	MEO
第 30、31 颗北斗导航卫星	2018.3.30	CZ–3B	MEO
第 32 颗北斗导航卫星	2018.7.10	CZ–3A	IGSO
第 33、34 颗北斗导航卫星	2018.7.29	CZ–3B	MEO

卫星	发射日期	运载火箭	轨道
第 35、36 颗北斗导航卫星	2018.8.25	CZ-3B	MEO
第 37、38 颗北斗导航卫星	2018.9.19	CZ-3B	MEO
第 39、40 颗北斗导航卫星	2018.10.15	CZ-3B	MEO
第 41 颗北斗导航卫星	2018.11.1	CZ-3B	GEO
第 42、43 颗北斗导航卫星	2018.11.19	CZ-3B	MEO
第 44 颗北斗导航卫星	2019.4.20	CZ-3B	IGSO
第 45 颗北斗导航卫星	2019.5.17	CZ-3C	GEO
第 46 颗北斗导航卫星	2019.6.25	CZ-3B	IGSO
第 47、48 颗北斗导航卫星	2019.9.23	CZ-3B	MEO
第 49 颗北斗导航卫星	2019.11.5	CZ-3B	IGSO
第 50、51 颗北斗导航卫星	2019.11.23	CZ-3B	MEO
第 52、53 颗北斗导航卫星	2019.12.16	CZ-3B	MEO
第 54 颗北斗导航卫星	2020.3.9	CZ-3B	GEO
第 55 颗北斗导航卫星	2020.6.23	CZ-3B	GEO

地面段

北斗三号系统地面段包括主控站、注入站和监测站等若干地面站，是保证空间段正常运行的“地面后盾”。主控站主要负责系统运行的管理和控制，扮演着“大脑”的角色。在收集各个监测站的观测数据后，主控站会生成卫星导航电文信息，而后将这些信息交由注入站完成发送，从而实现对卫星星座的控制。

注入站主要负责向卫星发送信号，是地面段的“左右手”，在接收主控站的指令后，将导航电文等信息发送至卫星。

监测站主要承担着对导航卫星的跟踪、监测以及卫星数据的收集任务，作为地面段的“眼睛”，监测站将这些观测数据发送给主控站，为导航电文的生成提供观测资料。

如果将天空中的卫星比作“风筝”的话，那么通信链路为“风筝线”，地面段就是“放筝人”，正是有了地面段的帮助，才能及时调整风筝的位置，确保整个系统的正常运行。

用户段

所谓用户段是指各种北斗用户终端，其主要功能是接收卫星信号，满足用户所需要的定位、导航以及授时等需求。北斗系统的用户段包括北斗芯片、模块、天线等基础产品，以及终端设备、应用系统与应用服务等。搭载了北斗芯片的手机，就是我们最常用的终端设备之一。太空中的北斗卫星无时无刻不在发送着导航信号，当我们的手机开启定位功能时，就可以接收到这些信号，计算出我们和卫星之间的距离，从而完成定位。在定位过程中，任何一个环节出错，都可能导致定位结果变差甚至定位完全失效。因此，地面段会对卫星导航系统进行全天候的跟踪和监测，并不断发送导航电文等信息，确保系统正常工作。在整个定位过程中，空间段、地面段、用户段通过合理的配合，确保我们可以准确无误地使用定位功能。

知识拓展：北斗“中国芯”

拥有自主研发的芯片，才能确保北斗系统真正安全可靠，避免受制于人。北斗团队集智攻关，勇攀高峰，攻克了多项关键技术，实现了北斗三号系统核心器件 100% 国产化。经过多年发展，北斗已形成完整产业链，基础产品实现自主可控，国产北斗芯片、模块等关键技术全面突破，性能指标与国际同类产品相当。截至 2019 年年底，国产北斗兼容型芯片及模块销量已突破 1 亿片，季度出货量突破 1000 万片。其中，支持北斗三号新信号的 28 纳米工艺射频基带一体化 SoC 芯片，已在物联网和消费电子领域得到广泛应用；最新的 22 纳米工艺双频定位北斗芯片也已具备市场化应用条件。北斗导航型芯片、模块、高精度板卡和天线已出口到全世界 120 余个国家和地区。未来，随着我国芯片制造能力的提升，北斗“中国芯”的性能将会进一步增强。

互动空间

通过下面的例子，认识高精度星载原子钟的作用：

假设卫星的时钟误差为 1ms，电磁波的传播速度为 3×10^{8} m/s，请你尝试计算此时的测距误差。

通过计算，相信你已经明白了，由于电磁波的传播速度非常快，即便很小的时钟误差，换算到测距误差上也是一个很大的数。因此，卫星上必须采用精度尽可能高的原子钟，才能实现高精度定位。

第四课　卫星导航新时代

近十年，卫星导航系统发展不断加速，美国的全球定位系统继续推进现代化计划；俄罗斯格洛纳斯完全复苏；中国北斗、欧盟伽利略开始提供全球服务；世界卫星导航格局从美国全球定位系统独霸天下走向多极化发展新时代。

目前，在GNSS“俱乐部”中，共有4位成员，分别是美国的全球定位系统、俄罗斯的格洛纳斯、中国的北斗卫星导航系统以及欧盟的伽利略。

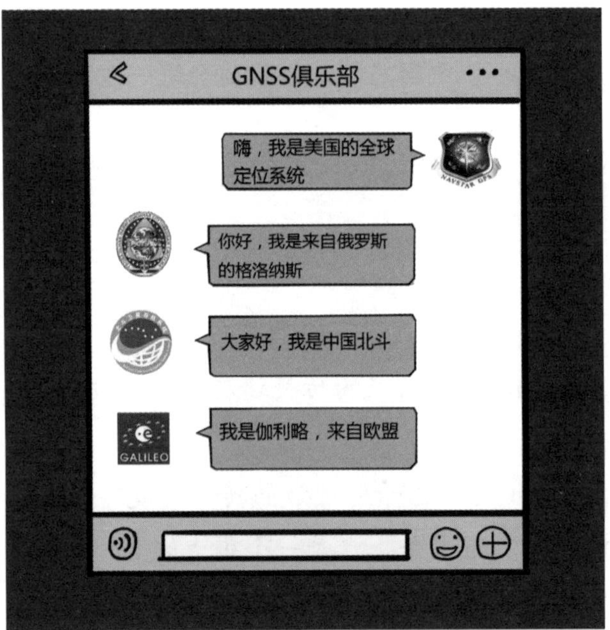

全球定位系统是美国的第二代卫星导航系统，也是世界上第一个建立并用于导航定位的全球系统。全球定位系统卫星星座有31颗在轨卫星，这些卫星均为MEO卫星，平均分布在6个轨道面上，确保在地球上任何地点上方都有足够数量的卫

星。历经数十年的发展，全球定位系统已成为应用最广泛的卫星导航系统。如今，美国正全力推进全球定位系统现代化建设，进一步巩固美国在卫星导航系统上的先天优势。

作为紧随美国的全球定位系统之后建立起来的全球卫星导航系统，格洛纳斯的发展之路并非一帆风顺。格洛纳斯最初由苏联在1976年启动研制，苏联解体后一度丧失大多数卫星与功能，后由俄罗斯继续维护运作，又经历了20世纪90年代俄罗斯的经济动荡，直到2011年才彻底实现24颗星的全球覆盖。格洛纳斯系统星座由24颗中轨道卫星构成，与美国的全球定位系统不同的是，这24颗卫星分布在3个轨道面上。

伽利略系统是由欧盟研制，于1999年开始建设，是世界首个完全民用的全球卫星导航系统。伽利略系统设计由30颗轨道高度为23616千米的MEO卫星组成。与美国全球定位系统相比，伽利略系统着眼于更可靠、更先进的高精度定位服务。然而，尽管其预想目标很先进，但在发展过程中由于欧盟成员国之间的投资分歧等种种原因，使得计划一拖再拖。在2019年，伽利略系统更是出现了长达117小时的部分导航服务中断，距离系统成熟应用还有很长的路要走。

GNSS中的最新成员，就是我们最为熟悉的，由我国自主研发的北斗卫星导航系统。中国从1994年开始北斗卫星导航系统研制，2020年6月23日北斗三号全球卫星导航系统星座部署全面完成。在星座构成上，北斗卫星导航系统采用了由3颗GEO卫星、3颗IGSO卫星、24颗MEO卫星组成的混合导航星座，这种混合架构具有更强的抗遮挡能力，在区域覆盖上更具优势，为世界卫星导航系统的发展提出了新的中国方案。截至2020年6月，北斗卫星导航系统共有55颗在轨卫星，是目前所有GNSS中卫星数量最多的。

系统	全球定位系统	格洛纳斯	北斗	伽利略
国家 / 地区	美国	俄罗斯	中国	欧盟
卫星数量	31	24	55	22
卫星寿命	10~15 年	3~7 年	8~10 年	12 年
首次发射时间	1978 年	1982 年	2000 年	2005 年
覆盖区域	全球	全球	全球	全球
特点	发展成熟	抗干扰能力强	自主建设、短报文通信	精度高

美国全球定位系统

俄罗斯格洛纳斯

中国北斗

欧盟伽利略

2020 年是北斗卫星导航系统完成全球部署并提供服务的关键一年，同时也是卫星导航发展新纪元的起点。我国计划在 2035 年前后，建成以新一代北斗系统为核心的国家综合定位导航授时体系。其他 GNSS 也正在紧锣密鼓地进行系统的更新换代，在不久的将来，势必将迎来一场卫星导航领域的“华山论剑”。

知识拓展：北斗星座彰显中国智慧

北斗卫星导航系统采用由 GEO、MEO、IGSO 卫星三种轨道卫星的混合星座设计，根据三种轨道名称的英文首字母发音，人们将这三种卫星形象地称为“吉星”“萌星”和“爱星”。

“吉星”运行在距地面 35786 千米高的地球同步轨道上，始终随着地球自转而动，相对于地面保持静止，是北斗三号系统中功能最强，寿命最长的卫星。

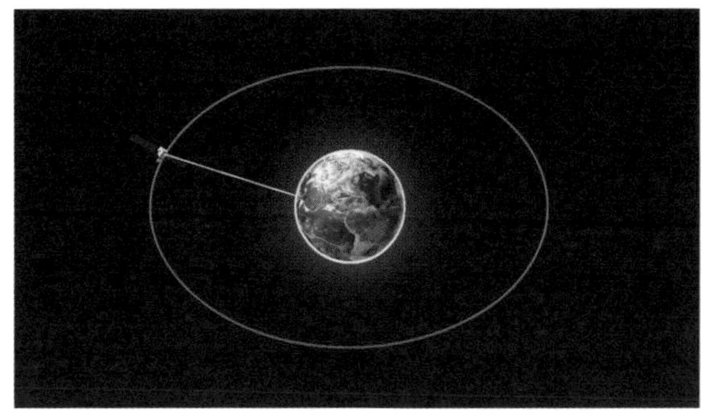

GEO 地球静止轨道示意图

“萌星”运行在距地面21500千米高的轨道上，其特点是小巧灵活。作为北斗全球组网的主力军，“萌星”7天能绕地球跑13圈，可以实现更广阔的覆盖。

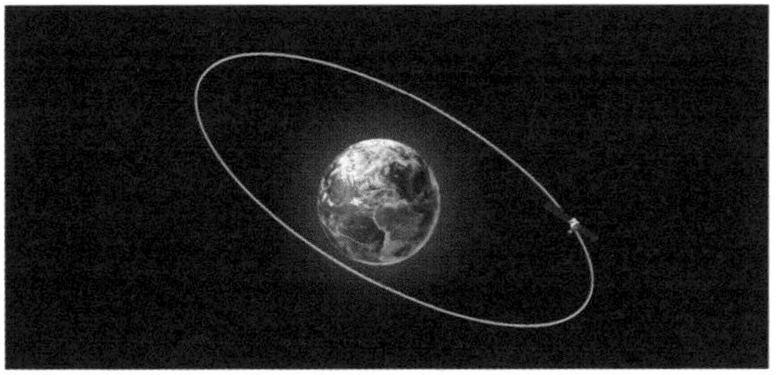

MEO 中圆球轨道示意图

“爱星”的轨道高度同“吉星”相同，其轨道倾角为55°，而“吉星”的轨道倾角为0°。由于轨道倾角的存在，“爱星”相对地面的运动呈现8字形轨迹，因此又被称为“大8字形轨道”。

IGSO 倾斜地球同步轨道示意图

3颗“吉星”、3颗“爱星”和24颗“萌星”共30名成员共同组成了北斗三号星座大家族。3种轨道卫星根据各自轨道的特点，优势互补、各司其职，共同为全球用户提供高质量的授时和导航服务。

互动空间

在定位系统的大家族中，除了上述四大 GNSS 外，还包括区域卫星导航系统和增强系统。近年来，区域卫星导航系统也在紧锣密鼓地建设，其中就包括日本的 QZSS 和印度的 IRNSS。请你上网查阅资料，了解 QZSS 和 IRNSS 的特点和异同。

第三单元　北斗创造美好家园

卫星导航、大数据融合、物联网、通信技术促进北斗数据应用与行业深度融合，创造了今天更加高效、智能、便捷的应用场景和商业模式。例如："北斗＋传统交通"通过在车辆上安装卫星导航接收器与信号发射器，便捷交通管理，减少车辆堵塞；"北斗＋应急救援"帮助救援团队及时了解灾区受灾情况，使救援人员能够迅速到达救援地点；"北斗＋农业"则体现了"精准农业"的现代化农业理念，涉及北斗卫星导航系统、农田信息采集系统、农田地理信息系统、环境监测系统等，以实现农业生产"低耗、高效、优质、安全"的要求。

北斗，带给我们美好生活，让我们一起走进北斗的应用。

第一课 北斗相伴，保护国家安全

北斗卫星导航系统作为我国重大空间基础设施，在国家安全的应用上有着独特的优势和可靠的保障，在守护国土、电力、金融、通信安全等方面起到中流砥柱、国之重器、定海神针的作用，有力地支撑了国家的经济建设和发展。

北斗卫星导航系统在国土安全中发挥着重要的作用。我国是一个多邻居国家，与14个国家相邻，邻国数量与俄罗斯并列世界第一。我国陆地边界线总长2.2万余千米，海岸线更是长达3.2万余千米，是陆地边界最长的国家，也是边界情况最为复杂的国家之一，因此，对国土安全的管控尤为重要。为加强国土安全，我国构建了基于北斗卫星导航系统的国土安全管控综合体系，实现网络化、数字化、智能化防控管理，做到看得见、听得到、传得远、控得住。

现代金融业的发展也离不开北斗卫星导航系统的服务，它的高精度授时在金融领域有着广阔的应用前景。金融业每天需要以闪电般的速度处理几十亿甚至上百亿金额的金融交易，这使得现代金融业在精确计时方面提出了更高的要求，而北斗卫星导航系统的高精度授时功能为现代金融业的发展提供了新的机遇。推动建立金融领域的北斗时间基准，不仅可以为现代金融业提供可靠的高精度时频保证，还可以规范金融交易。金融行业与北斗高精度授时服务实现

互联，对于现代金融业的健康发展有着重要意义。

作为我国自主研发的卫星导航系统，北斗在移动网络通信安全中也有着不可替代的优势。移动网络通信涵盖长途电话、无线电和广播电视以及海陆空移动通信等业务，为了保障整个通信网络的正常运行，必须使用时间同步网提供高度可靠的定时基准信号。我国一直借助美国全球定位系统的授时服务来实现移动网络通信，那么在国家通信安全方面就会存在极大的隐患。因此，用北斗授时替换美国全球定位系统授时应用到移动网络通信中，我国通信网络的安全将大幅提升。

北斗卫星导航系统除了在国土安全、金融、移动网络通信方面维护着国家安全，在国家电力领域亦发挥着稳定而高效的作用。在无人机电力巡线方面，北斗扮演着重要的角色，以往电力技术人员登高巡检一天的工作量，无人机自动巡检只需要用二十分钟就可以完成；在电力线路监管方面，通过基于北斗卫星导航系统研制出的

故障自动定位系统，可以及时发现并查找到线路故障的原因，提高供电可靠性，提高经济效益；在电力应急抢修方面，基于北斗卫星导航系统的应急抢修系统实现了高精度定位、双向短信通信、实时监控指挥功能，使应急抢修工作更加高效便捷。如今雄安地区已经实现北斗技术应用全覆盖电网，新疆电力在2020年也已建成精准服务系统并投运。未来，“电力+北斗”将会逐步得到更为广泛的应用。

知识拓展：北斗助力野生动物保护

安装了北斗芯片的定位项圈在野生动物保护中发挥着重要的作用。湖南省洞庭湖保护中心曾在一只被救助的野外麋鹿身上安装了北斗卫星定位项圈，在将其放归野外6个月后，保护中心通过项圈的定位功能快速监测到11头麋鹿的种群，有效提高了麋鹿种群的保护效果。在云南，北斗卫星导航系统还被应用到野生亚洲象的保护之中。工作人员通过给头象或独象佩戴北斗卫星定位项圈，对亚洲象活动区域实现实时、精准监测。北斗定位项圈还可以用于大熊猫的野生保护。为了增加野外大熊猫的数量，需要将人工繁殖的大熊猫经过野化训练以后放归野外，但是大熊猫的野外生活区域通常为人迹罕至的山地密林，不便于监管人员涉足。科研人员为需要放归的大熊猫佩戴装有北斗终端的定位项圈后，可以提高对大熊猫的定位率，从而降低监管难度。野生动物是自然生态系统中的重要组成部分，将北斗卫星导航系统运用到野生动物保护中，对推动绿色发展，促进人与自然和谐共生具有十分重要的意义。

互动空间

在国家安全领域中，你还能想象哪些地方可以使用北斗卫星导航系统?

第二课　北斗相伴，助力监测救援

我国地质灾害多发，灾害类型呈现多样化，其中最主要、危害最大的地质灾害是地震。中国地处世界两大地震带——环太平洋地震带和欧亚地震带之间，地震活动十分频繁。一般来说，在强震发生后，灾区地面的通信基站会遭到严重地破坏，导致灾区通信部分或是完全中断。在这种情况下，拥有“独门绝技”的北斗卫星导航系统可以充分发挥其优势，不仅可以为灾区提供定位导航服务，为部队救援、救灾物资输送等提供明确指引，同时还可以将灾区位置信息和受灾情况通过短报文功能发送给抗灾救援指挥部，这样就能实时掌握灾情、人员、物资位置，为抗震救灾提供强有力的技术支撑。

2008 年 5 月 12 日 14 时 28 分，我国四川省汶川县发生里氏 8.0 级特大地震，由于基础设施和通信设施破坏严重，当时外界无法获知震区的受灾情况，汶川县转眼变成了一座信息孤岛，救援工作困难重重，受灾群众危在旦夕。5 月 12 日 22 时，第一批救援队手持北斗用户机深入地震重灾区；5 月 13 日 16 时，在指挥中心屏幕上突然出现一个装备北斗用户机的红点：“沿着马尔康、黑水的 317 国道急进汶川。”在灾区通信没有完全修复，信息传送不畅的情况下，通过北斗用户机从前线向指挥中心发回各类灾情报告，成为地震重灾区发出的第一束生命急救电波，为灾区打通了生命通道。

同时，救援队在前往汶川的途中将看到的灾情通过北斗用户机源源不断地发回救灾指挥部，使救灾指挥部在第一时间获知灾区情况。5 月 17 日，北斗用户机从前方发回“北川余震不断，海子水位

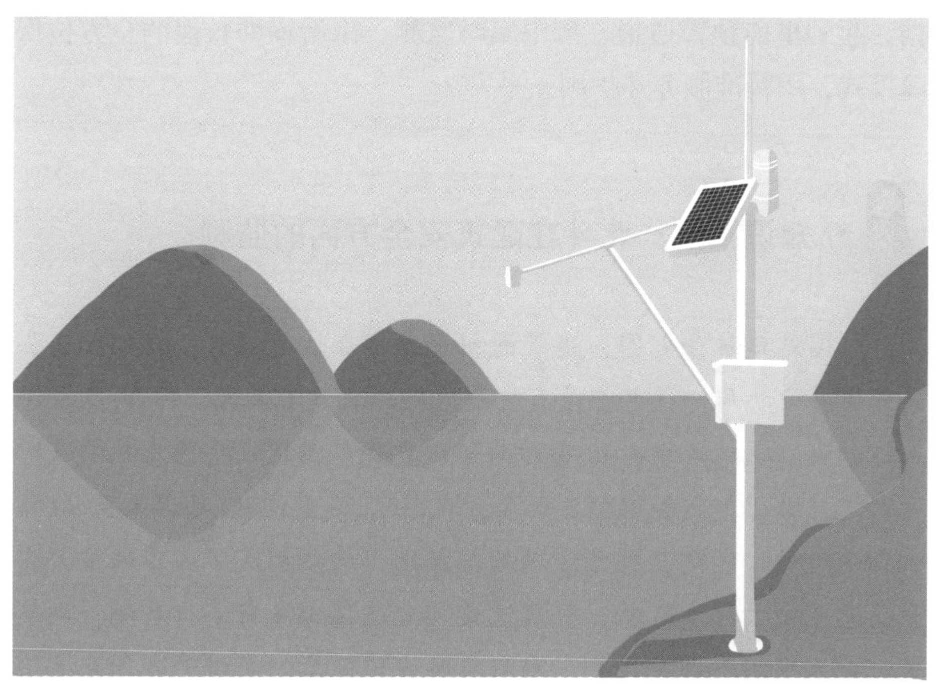

不断上升”的信息得到证实后，救灾人员迅速处置，险情被及时排除。数十架安装了北斗导航设备的救灾直升机在灾区上空来回穿梭，哪怕遇到局部气候瞬时变化、低云大雾和强气流等恶劣气象环境，也能始终处于地面指挥中心的监控与引导中。此外，安装在唐家山堰塞湖的北斗水文监测系统，实时传回最新水情数据，为排险提供可靠决策依据。

随着2020年6月我国完成北斗全球卫星导航系统星座全面部署，北斗卫星导航系统的性能得到全面升级。我国自主研发的北斗全球卫星导航系统通过快速定位、实时导航、精确授时、短报文通信等功能，可实时监测地质灾害情况，及时预警，有效保护人民群众生命财产安全。除了保障抗震救灾，北斗卫星导航系统还可对山体、水库、河岸的形变、位移等进行24小时实时监测。

此外，北斗卫星导航系统可根据不同区域的地质灾害隐患点实行“量身定制”，为地质灾害的监测防控、预警指挥等提供科学依据，起到事前预警通报、事中实时监测、事后辅助救援的全方位保障模式，用精准服务守护国土平安。

知识拓展：北斗在建筑安全方面的监测

我国是建筑业大国，建筑面积每年都在快速增长。我们知道，建筑像其他物质一样也都是有生命周期的。通常来说，约30年就进入维护期，也就是说，30年后为了避免建筑出现安全隐患就要及时地对建筑进行加固和维护。如今，我国于20世纪80年代末至90年代初建造的大量建筑都已经进入维护期，这些构成了城市的重大安全隐患。由于技术限制，目前绝大部分建筑都没有进行监测，即使监测也只采用了人工监测，难以及时发现隐患。而借助我国北斗卫星导航系统的支持，可对楼宇进行高精度变形监测，并且利用采集到的大数据可实现对每一栋单体建筑单独备份。当楼体结构发生细微变形时，北斗终端、控制器、传感设备等相互配合及时发现问题，尽早进行预警和人员疏散。

互动空间

随着我国电力行业迅速发展，电网运行的智能化程度越来越高，电力系统的安全稳定运行对时间同步精度有极高的要求，诸如时间顺序记录、继电保护、电能计费、实时信息采集等都需要有一个统一的、高精度的时间基准，应用北斗卫星，可建立纳秒级（十亿分之一秒）时间服务网络，为同步网内的所有节点提供分级授时服务，满足各种终端的时间同步需求。

查阅资料，说一说北斗高精度授时技术还有哪些行业应用场景。

第三课 北斗相伴，畅享智慧生活

孙家栋院士提出要打造北斗系统“天上好用，地上用好”的格局。时至今日，小到运动手表、共享单车，大到无人农场、城市管理，北斗卫星导航技术正潜移默化地渗透到各个行业领域，深入到每个人的衣食住行。

目前，基于国家北斗精准服务网的市政应用已在全国27个省的600余座城镇落地开花，在市政供水排水、城镇供热、轨道交通等方面发挥着巨大作用。大到市政工程建设，小到各种市政设施的维护都有北斗卫星导航系统的身影。举例来说，道路井盖是我们日常生活中最常见的城市基础设施，因为分布广、数量大，如何对井盖进行高质量监管就成为市政管理部门面临的难题。将北斗智能终端安装在井盖上，可实现井盖分米级定位，并且24小时不间断地监测井盖状态，当井盖出现姿态和形态的持续改变和振动时，北斗终端便会发出报警信号提醒维护运营人员第一时间排除隐患，从而使市政对井盖的管理也变得更加信息化和智能化。此举不仅可以防盗，还可保护我们的脚底安全，避免因井盖缺失而引发安全事故。

社区不仅是城市居民生活的基本空间，也是社会管理和服务的基本单位，社区是否智能高效直接关系着城市居民的生活是否便捷和谐。借助互联网、物联网和北斗技术可将社区的人、房、物进行联通，实现智能家居、智能楼宇、智慧养老、智慧教育等诸多方面的数字化和集成化新社区。比如我们可以通过观看远程视频在上班时间监控家中安全状态；再比如对于独自居家的老人，可以借助突发事件求助设备一键报警，物业人员便可上门为老人提供帮助，同时支持对老人所处位置进行定位，哪怕老人迷路，家人也可以方便寻找。依托北斗“智慧社区”应用，生活服务网络化智能化运行，居住环境变得高效、安全和舒适。

“北斗 + 物联网”技术将家中的各种设备，以多种智能控制手段连接，打造智能家居场景。通过北斗短报文通信和定位功能，借助智能控制信息系统和传感器，可以实现对住宅内所有电器的远程控制。回家前，可通过手机控制启动家中的热水器、空调等设备，而家中各类电器设备也可通过触动信息传感设备将信息发送到我们的手机上。如果家中不小心出现燃气泄漏，传感器监测到之后会立刻通过智能控制系统将信息传送给户主、小区物业以及消防部门。

北斗与智能手机的结合也是当下最重要的应用领域之一。无论我们的外出休闲娱乐、饮食交通，还是查询周边信息、了解实时气象等等，都离不开北斗卫星导航系统的支持。北斗卫星导航系统和卫星遥感、5G 等技术相结合还可实现对城市环卫的智能管理。比如，通过在垃圾箱盖子上安置北斗芯片，在环卫车上装备北斗定位装置，可实现垃圾快速清理，街道智能化管理。为了防止儿童走失，基于北斗技术研发的儿童防走失手表可为儿童提供智能防护，手表不仅能定位孩子所处位置，还兼具手机功能，可以发送语音、文字对话，当手表掉落时，与手表进行绑定的父母的手机还会收到报警提示。

除了城市应用外，北斗卫星导航系统在农业领域也大显神威。北斗无人驾驶、路径规划、系统监管等一系列创新技术，改变了传统农业，使其焕发出现代魅力，比如农民借助无人机喷洒农药，在家就可全程监控田间地头，为农业发展带来了便利实惠。

知识扩展：北斗在抗击新冠疫情中大显身手

在全民抗击新冠肺炎战役中，北斗所做的贡献有目共睹。

在北京、湖北等地区，安装了北斗卫星导航系统的无人机被广泛应用于消毒，一架无人机可单次喷洒5000平方米的面积，还能对防疫车无法抵达的区域进行全方位的消毒。

在全国各地，数十万台北斗终端被应用于物流领域，借助北斗系统精准定位功能，货物的位置信息一目了然，众多物流企业还通过机器人保障了隔离小区的物资配送。

基于智能手机的各种健康码的记录、查询和管理将14亿人的健康状态掌握在手，实现精确抗疫。

“北斗＋互联网”“北斗＋大数据”“北斗＋云计算”等形成的信息产品，可精确定位感染者的行动轨迹并向社会公布，为基层社区做好防疫提供了数据支持。

疫情之下，武汉火神山和雷神山医院建设十万火急、分秒必争。借助北斗卫星导航系统精准测绘功能，确保了工地大部分放线测量一次完成，为医院的施工和建设争取了宝贵的时间。

互动空间

查阅资料，说一说北斗卫星导航系统在生活中的具体应用。

第四课　北斗相伴，共享智能交通

为保障交通运行效率，有效解决交通拥堵，北斗卫星导航系统已在汽车导航、道路监控等智能交通领域广泛应用，实现了信息互联、融合协作，在无人驾驶、车联网、智能交通等方面起到了巨大支撑和推动作用。

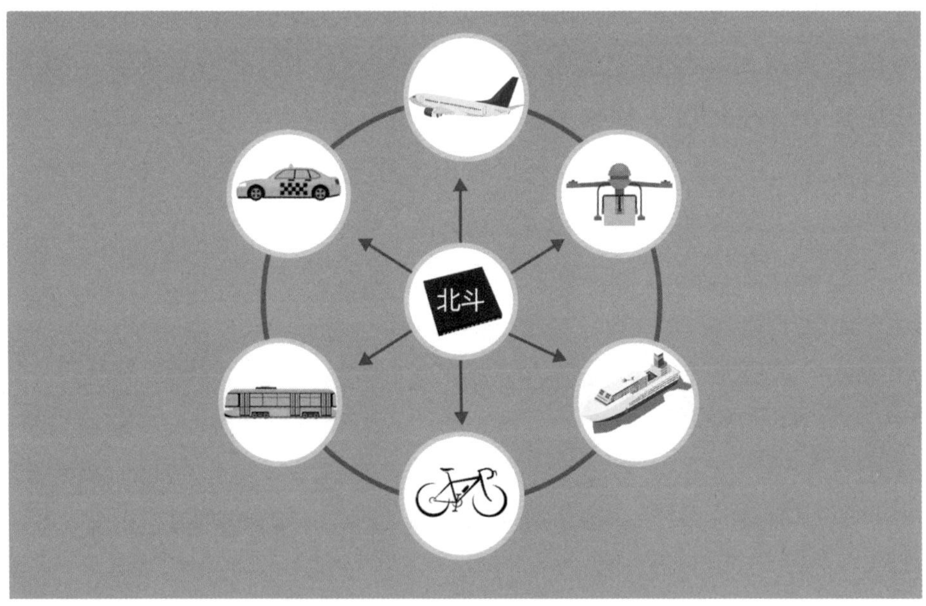

随着人们生活水平的不断提升，小汽车进入了大多数家庭，同时车辆导航终端也越来越普及，越来越多的车辆将卫星导航作为必备功能。北斗系统的导航定位服务和其他卫星导航系统组合使用

后，可以大幅提升车辆在城市复杂路段的导航性能。截至2020年，全国有超过698万辆道路车辆安装使用北斗系统。公交车还有多长时间到站？走哪条路不拥堵？如何快速找到共享单车？北斗卫星就像眼睛一样帮我们查询到这些信息。北斗系统集导航和精准定位、授时等多功能于一体，同时不受天气、地形、建筑等影响，为行车安全保驾护航。

人们的日常出行离不开公交车，通过将北斗系统高精度导航应用到地面公交领域，建设北斗智能车载终端系统、公交实时信息发布系统、电子站牌终端系统等，可以在手机上实时获取公交车预报，极大地方便了人们的出行。基于北斗的120急救指挥调度平台，实现了对车辆和急救人员的统一调度管理，以“救急就近”为原则，合理分配急救资源。运用北斗导航技术和互联网通信技术，可以实现实时定位、急救车辆行驶轨迹监控、视频监控等功能，还可以同时为重点特殊人员提供个人急救终端，实时主动收集佩戴者的位置、脉搏、血压等数据，变被动急救为主动急救，一旦出现意外，患者只需按下紧急呼救键，无需语音报送位置信息，方便了年老体弱和语音不便的老人。

此外，北斗大数据还可以把被动发现变为实时感知，提高事故处理效率。以追尾事故的处理为例，以前事故发生后，从司机电话报警到交警发出通告，这期间存在的时间差会造成信息滞后，影响事故的处理效率。接入北斗导航大数据，当系统发现路面车流速度减慢、位置大幅度变化或者停止前进时，可自动判定交通事故，提高交警介入事故效率。

除了在管控区域路面交通方面发挥重要作用，北斗卫星导航系统的定位导航功能还被应用于无人驾驶。2019年，我国利用北斗卫星导航系统的京张高铁通车，成为世界上首条自动驾驶的智能高铁。京张高铁到点到站自动开车停车，区间自动运行，以速度350

千米 / 小时运行到制动停车，停准误差小于 10 厘米，节电约 15%。以往高铁司机的精力主要用于驾驶，而在实现无人驾驶后，司机的重心则转变为故障应急处理，这样不仅减轻了司机劳动强度，而且通过收集与计算列出运行数据，可以节约能耗，提升运行舒适度。

目前，天津港集装箱码头已率先实现集装箱的全流程自动化改造，拓展应用北斗卫星定位技术后，一排排无人驾驶的电动集装箱

卡车有序经过自动加解锁站，停靠到预定地点，自动抓取集装箱，稳稳落在货轮上。依托北斗全时服务，无人驾驶集装箱卡车可 24 小时不间断作业，整体作业效率提升近 20%，单箱能耗下降 20%，综合运营成本下降 10%。

北斗系统在航空领域亦是大有所为，它在我国民用航空领域的应用主要在商用航空、通用航空、机场场面监视和管理以及特殊应用方面。例如，早在 2018 年，张家界机场就实现了基于北斗和机场航空通信系统的机场场面运行管理，它的高精度定位监视和实时数据无线传输为成本昂贵的机场监视提供了行之有效的替代手段。

知识拓展：北斗卫星导航系统有效降低道路事故发生率

从 2012 年到 2020 年，北斗卫星导航系统的交通应用有效降低了道路运输事故发生率。那么，北斗卫星导航系统是如何降低交通事故发生率的呢？

首先，北斗管车。北斗导航可以对车辆的行驶情况做出准确判断，对路况异常、疲劳驾驶、超速行驶、发出提醒，后台通过数据计算也可以判断车辆是否闯红灯或者违停。以卡车运输为例，因为车体重量和体积大，非常容易发生事故，一旦出现事故，将造成人员伤亡、货物毁坏等严重后果。所以卡车运输的安全不仅关系到车主自身的安全，更是社会监督所必须承担的责任。安装北斗定位终端成为了卡车管控的有效方式。

其次，北斗管路。北斗对位移的感知程度可细微到毫米级，可及时监测到包括道路、桥梁和隧道在内的各种交通设施的位移情况，及时预警和处置，以此保证运输过程中一路畅通。

互动空间

融合发展、万物互联。“北斗+”作为日常必需品正在改变着我们的生活，使我们的生活变得更加丰富多彩且充满无限可能。北斗作为我国重大空间基础设施，必须依靠终端服务来惠及人民群众。所以，北斗一直以来推广的基本方针就是“融合发展、万物互联”。发挥想象力，想一想未来北斗卫星导航系统还有哪些应用场景。

第四单元　新时代北斗精神

2020 年 7 月 31 日，我国向全世界宣布北斗三号全球卫星导航系统正式开通，我们的北斗，服务全球，造福世界。

道阻且长，行则将至。没有太多经验可以参考，没有太多模式可以借鉴，北斗团队迎难而上，带领北斗工程全线守正创新、披荆斩棘，用中国方案打造中国精度，用中国智慧走出中国道路，用中国协作彰显中国优势，建成我国独立自主、开放兼容的全球卫星导航系统。只有把核心技术掌握在自己手中，才能走好自己的路。

长风破浪会有时，直挂云帆济沧海。在追寻“北斗”的过程中，一代代北斗人始终秉持“自主创新、开放融合、万众一心、追求卓越”的新时代北斗精神，排除万难，迎刃而上，创造了一个又一个航天奇迹。

第一课　自主创新

作为国之重器，自主创新是北斗工程的必由之路。秉承“探索一代，研发一代，建设一代”的创新思路，我国北斗始终把发展的主动权牢牢掌握在自己手中。面对没有自己的原子钟和芯片等难关，北斗团队走出了一条自主创新的中国道路。

攻克无“钟”之困

“现在几点了？”这是我们生活中每天都要面对的问题。其实，为我们提供答案的不是身边的钟表，而是天上的导航卫星。授时是北斗卫星导航系统的一个重要功能。在建设跨海大桥、海底隧道等重大基础设施时，许多台起重机一起合作，动辄上千米的作业面，时间上差一点，就会“失之毫厘，谬以千里”。

授时精度取决于导航卫星的“心脏”——原子钟，它是提供高稳定时间频率基准信号的关键组件，建设之初，国内星载原子钟技术比较薄弱。当时，全世界只有美国、俄罗斯、瑞士等少数国家有能力研制高性能星载原子钟，原子钟进口面临很大的困难和不确定性。如何尽快攻克技术难题，研制出我们自己的符合质量标准的原子钟，关系到我国北斗系统建设的成败，无疑是一个巨大的考验。从我们决心参与太空探索的那一刻开始，考验就源源不断，但我们的民族精神里从没有惧怕和退缩。“六七十年代有原子弹，我们北斗人一定要有自己的原子钟，”每个北斗人都把这句话刻在骨血里。

为尽早“让中国的北斗用上最好的钟”，北斗团队采用“多家并行、良性竞争”的研制模式。在中国卫星导航系统管理办公室的带领下，北斗工程全线集中全力打攻坚战，组织相关科研单位和企业，成立三支研发队伍同步进行攻坚。那段时间，研制人员都废寝忘食地工作，“吃在单位、睡在厂房、家属见面在办公走廊”是研制人员对当时工作生活状况的生动总结。不到两年时间，3 支队伍全都自主研发出达到国际先进水平的原子钟，并批量搭载上北斗卫星，实现“双钟”相互备份，卫星可靠性和在轨寿命大幅提升。

2009 年，北斗三号全球系统工程立项，相比于区域系统，全球系统的建设并不是简单的规模“扩容”，新体制、新技术、新信号都需要进行试验验证。据专家论证测算，以当时的研制能力，如果仍由一家单位抓总研制，即便“5+2”“白 + 黑”地加班加点，也很难在 2020 年底前完成 30 颗卫星的研制生产，更别提全部发射入轨、完成星座组网。难度很大、工期很紧、要求很高，必须采取超常规做法。

此时，“良性竞争”发挥巨大作用。中国卫星导航系统管理办公室整合各方力量，建立了从总体到分系统、再到单机的多层次、多定点良性竞争格局，构建了两家卫星总体、多家单机研制定点的工程建

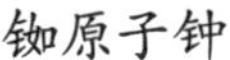
铷原子钟

氢原子钟

设组织模式，各方资源力量多管齐下、优势互补、协同共进，极大加速了关键核心技术突破，更为北斗系统的建设按下了快进键。

截至 2021 年，“北斗三号”全球系统上的星载原子钟计时精度达到 100 亿分之 3 秒，与美国全球定位系统卫星最新一代星载铷钟并列，跻身国际顶尖水平，可以满足分米级导航定位需求。打个比方，如果汽车装载了北斗卫星导航定位系统，那么它提供的位置精度比车道间距还要小，这样就能够帮助驾驶者规避堵车，也能保障行驶安全。

消除缺“芯”之忧

芯片的竞争，是科技竞争的一个制高点。缺少“中国芯”，一直是困扰我国高科技领域的一块“心病”。

芯片相当于卫星的“大脑”，对于北斗系统工程建设和应用来说，拥有国产芯片，对于确保安全性、稳定性、可靠性至关重要。在芯片研发的开始阶段，北斗团队就达成了国产化产品“指标低点，价格高点，也要大胆使用”的坚定共识，将自主可控要求落实到关键技术攻关、产品研发、竞争采购等各环节，通过规划协调、边建边用、反复迭代的方式来不断提高自主研发芯片的质量水平。

宝剑锋从磨砺出，梅花香自苦寒来。国产北斗芯片关键技术已全面突破，并在 2015 年 7 月 28 日成功发射的两颗北斗三号卫星上首次成体系地批量使用，圆了航天人的“中国芯”之梦，对航天工程的自主可控和创新发展具有里程碑式意义。2017 年 5 月，我国首款支持全球信号的最小北斗多模芯片亮相，这款名为“火鸟”的 28 纳米芯片仅有铅笔尖大小。如今，支持北斗三号新信号的导航定位芯片，体积更小、功耗更低、精度更高，性能价格与国际水平相当，不仅在国内实现规模化应用，而且大量出口到 120 余个国家和

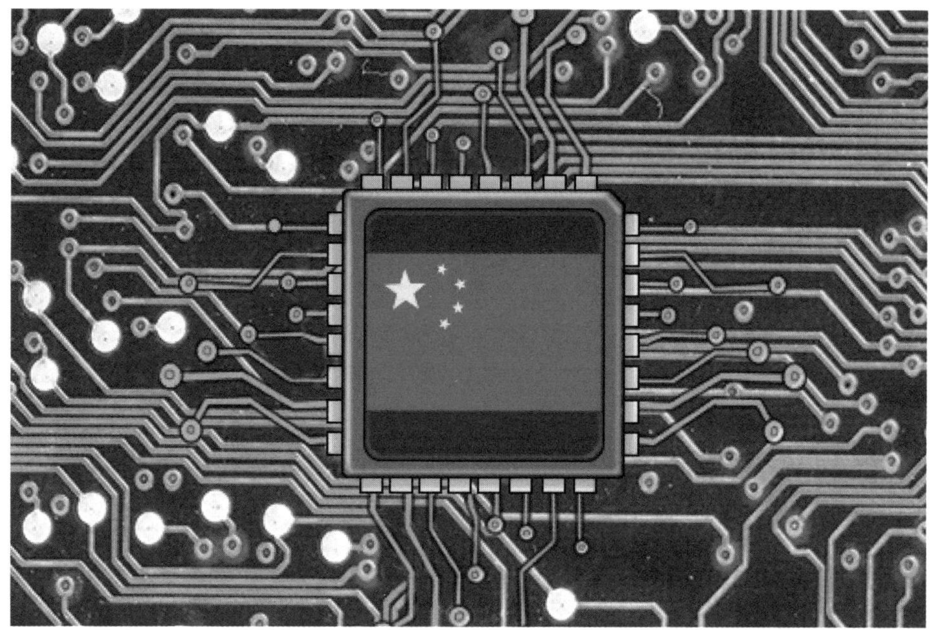

地区。

据统计，我国卫星导航应用市场呈高速增长态势，2010 年我国卫星导航总体产值仅为 505 亿元，2014 年首次突破千亿元，2019 年已达到 3450 亿元，其中芯片、软件、终端等产业核心产值达到 1166 亿元，北斗对产业的核心产值贡献率超过 80%。

解决布“站”之难

按照传统全球卫星导航系统的建设和运行模式，需要在全球范围内建立众多地面站。为解决北斗系统国内建站实现全球运行和服务的难题，北斗系统首创 Ka 频段星间链路，创造性地提出高效解决方案。

通过星间链路，所有在轨北斗卫星连成一张大网，实现北斗“兄弟”手拉手、心相通，它们相互间可以“通话”、测距，能自动“保持队形”，这不仅减小地面站规模，减轻地面管理维护压力，而且

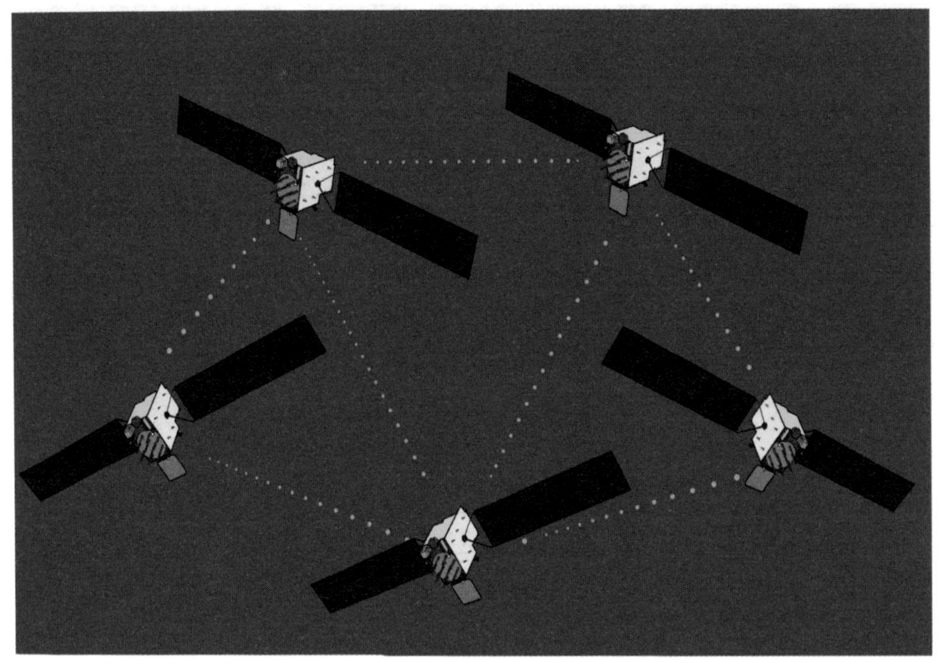

还使卫星定位精度大幅提高。凭借这一“绝活”，北斗系统仅需要依靠国内布站就能够对全球星座的运行进行控制，全球服务能力可与世界一流系统比肩。

无“钟”之困、缺“芯”之忧、布“站”之难……自主创新的过程是艰苦的，但北斗人深知核心技术是花钱买不来的，只有坚定不移走自主创新之路，才能把命运牢牢掌握在自己手中。阳光总在风雨后，北斗人凭借滚石上山的毅力和勇气，最终建成具有世界一流水平的我国独立自主的全球卫星导航系统。

知识拓展：卫星导航系统兼容与互操作

兼容与互操作是指卫星导航系统资源利用与共享，最早是由美国于2004年提出的，通俗来讲就是所有卫星导航系统共处共用，实现“1+1>2”的效果。系统间实现了双赢，广大用户实现了多赢。

我们都知道正常情况下接收到至少4颗导航卫星，才能实现定位。如果使用单一卫星导航系统，可能存在某一区域上空卫星数量有限的情况，这样会影响定位性能。若北斗与全球定位系统、格洛纳斯等系统实现兼容互操作，用户用一台接收机就能同时接收多个系统的导航卫星信号，如此一来，定位精度和稳定性会更优。

“我们的北斗，世界的北斗。”北斗必将以开放包容的姿态砥砺前行，推进兼容合作共赢，为国际用户带来更高质量的服务，为全世界人民带来更多福祉。

互动空间

想一想：结合5G、人工智能、物联网、星间链路等技术，未来怎样实现“天地之间、万物互联”？

第二课　开放融合

开放融合就是遵循“中国的北斗，世界的北斗”这一原则，以开放包容的姿态砥砺前行，推进兼容、合作、共赢，加强卫星导航系统间的国际合作，共同推动时空信息和高新技术的发展，为国际用户带来更高质量的服务，为全世界人民带来更多的福祉。

我国在北斗建设初期就明确指出，中国愿同各国共享北斗系统建设发展成果，共促全球卫星导航事业蓬勃发展。我国北斗秉持和践行“世界北斗”的发展理念，在覆盖全球的基础上积极融入全球、用于全球。随着北斗三号全球卫星导航系统正式开通服务，属于北斗的“全球时代”已经到来。从国内到国外，从区域到全球，北斗服务将为更多国家和人民所共享。

兼容：双边合作成果逐步深入

自 2000 年以来，我国先后与 20 余个国家、地区和国际组织，300 余个卫星网络开展了频率协调。中美双方经过 5 次频率协调，于 2010 年基本完成首轮频率协调工作。2015 年 1 月，基于 2010 年确定的北斗全球系统频率协调参考假设文件，北斗系统与伽利略系统完成了 L 频段的频率协调。2019 年 6 月，中欧举行了操作者间第六次频率协调会谈，中方更新了系统信号体制，提供了过渡阶段的星座和信号等相关信息，双方对过渡阶段的兼容问题进行了初步讨论，并约定：进一步完善系统过渡阶段的星座参数和信号体制，以便双方深入分析两系统的射频兼容性。

担当：国际舞台的中国北斗

近年来，我国政府致力于推动卫星导航领域国际合作，在联合国全球卫星导航系统委员会（ICG）等多边平台上积极发声，并成功举办两届 ICG 大会，发布了“北京宣言”和“西安倡议”，成功举办中阿北斗合作论坛、中国—中亚北斗合作论坛，拓展与“一带一路”国家和国际组织的合作平台，持续扩大北斗“朋友圈”。此外，北斗应用不断落地海外。

北斗系统作为目前唯一一个同时具备导航和短报文通信功能的卫星导航系统，这一优势在 2015 年尼泊尔大地震中得到了充分体现。据当时的救援人员回忆，各国救援队间通信不畅成为救援的最大障

碍。因为中国北斗可以发短报文，尼泊尔的指挥部就把我国救援队派到了受灾最偏远、最严重的地方。

我国北斗的贡献还伴随着“太空丝路”不断延展。在我国周边和“一带一路”沿线国家，巴基斯坦的交通运输、港口管理，缅甸的土地规划、河运监管，老挝的精细农业、病虫灾害监管，文莱的都市现代化建设、智慧旅游，印尼的海上集成应用，在不同国度的不同领域，都有我国北斗的身影。

在北斗三号系统提供全球服务一周年发布会上，中国卫星导航系统管理办公室表示，只有加强卫星导航系统间合作，才能共同推动时空信息、高新技术的发展。对于我国北斗来说，“自主、开放、兼容、渐进”一直是发展主基调，我国始终秉持“中国的北斗，世界的北斗”的发展理念，积极推进北斗系统国际合作。

北斗提供全球服务，是北斗建设的一大步，也是北斗发展的新起点。正如孙家栋院士所说，“全球卫星导航系统已成为经济社会不可或缺的空间信息基础设施，它将惠及人类生活和经济发展。如今，北斗已成为全球卫星导航系统中不可忽视的重要力量，成为我国对外交往的重要合作项目，显著提升了我国的国际地位与影响力。”

知识拓展：全球卫星导航系统国际委员会

全球卫星导航系统国际委员会（英语：International Committee on Global Navigation Satellite Systems，缩写为ICG，官方简称卫星导航委员会）是联合国的一个非正式机构。秘书处设在奥地利的维也纳，每年召开一次工作会议。其目的是促进与民用卫星定位、导航、正时和增值服务有关的问题及各种全球卫星导航系统的兼容性和互通性问题的合作和发展。委员会下设一个供应商论坛，由全球提供卫星导航服务的国家组成。当前的供应商包括了美国的全球定位系统，中国的北斗导航系统，俄罗斯的格洛纳斯系统，欧盟的伽利略定位系统。

互动空间

查一查，北斗系统还开展了哪些国际合作？

第三课　万众一心

2017年11月，两颗北斗三号全球组网卫星成功发射。此后，我国北斗仅用了不到3年时间，就完成30颗北斗三号卫星发射，比原计划提前半年成功实现全球组网，让全世界见识到了我国新型举国体制集中力量办大事的硬核实力与我国北斗人万众一心建北斗的精神魄力。

北斗系统作为党和国家的事业、人民的事业，长期以来受到了党和国家领导人的高度重视，方向统一，目标明确，一张蓝图绘到底，一代一代接着干。在中国特色社会主义市场经济条件下，北斗系统不断探索实践新型举国体制，将政治制度优势与市场机制作用互动协同起来，依托新型举国体制优势，取得了举世瞩目的成就。

北斗系统是我国迄今为止规模最大、覆盖范围最广、服务性能最高、与百姓生活关联最紧密的巨型复杂航天系统。如此复杂的系统正是在全体研制人员万众一心的努力下，发挥科技制度优势，克服艰难险阻，始终沿着正确方向稳步前进的重大成果。中国北斗卫星导航系统工程总设计师杨长风曾说过：“北斗是党和国家调动千军万马干出来的，是工程全线几十万人团结一心拼出来的，是广大人民群众坚定支持共同托举起来的。”

根据统计，工程自立项以来，先后有400多家单位、30余万名

科技人员参与了研制建设工作。国内卫星导航与位置服务领域企事业单位数量更是在 14000 家左右，从业人员数量超过 50 万。

每次发射任务实施时，发射首区和火箭残骸落区多地的人民群众都自觉服从大局，积极进行疏散。每个任务重大节点，数以万计的公安干警、警卫人员和通信、电力、气象、交通、医疗等行业员工都在为北斗系统筑起坚固的安全保障。

在系统顶层，国家有关部门联合成立了领导小组，并设立管理办公室，具体承担国家卫星导航领域主管机构职能，对北斗系统建设、应用产业、国际合作实施归口管理。同时建立总师联席会议制度，决策研制过程中的问题。重大任务期间，成立联合工作组，相关系统联合成立发射场区指挥部，确保统一指挥、联合行动、高效实施。

在这个庞大的工作体系里，从工程总体到 7 大系统，从管理线到技术线，从建设口到应用口，从设计方到施工方，不同类型、不同隶属的单位有机融为一体，共同完成了北斗系统的建设。

有人曾生动地形容北斗系统是“五千万”工程，调动了千军万马，经历了千难万险，付出了千辛万苦，要走进千家万户，将造福千秋万代。

建设全球系统前，曾有专家论证测算，以当时的研制能力，如果仍由一家单位抓总研制，很难在2020年底前完成30颗卫星的研制生产。为了如期完成研制工作，工程构建了两家卫星总体，多家单机研制定点的建设组织模式，各方资源力量多管齐下、优势互补，极大加速了关键技术的突破。

正当北斗收官发射之际，一场突如其来的疫情给北斗组网最后的决战造成了极大的困难。多支试验队伍、数百名科技人员齐聚发射场，任务实施过程又一波三折。面对特殊严峻的形势，一方面工程总体协调资源、统筹整个发射工作，另一方面各试验队把现场人员压到最少、工作流程调到最简、各类风险控到最小。各方都在齐心协力、共渡难关，真正做到了万众一心建北斗，万众一心防疫情。有效确保了北斗收官之战和场区防疫工作的“双胜利”。

2017年11月到2020年6月，我国成功发射30颗北斗三号组网星和2颗北斗二号备份星，成功率100%，以月均1颗星的速度，创造世界卫星导航系统组网发射新纪录。

知识拓展：什么是“新型举国体制”？

新型举国体制是指以国家发展和国家安全为最高目标，科学统筹、集中力量、优化机制、协同攻关，以现代重大创新工程聚焦国家战略制高点，着力提升我国综合竞争力、保障实现国家安全的创新发展体制安排。新型举国体制之“新”主要在于与市场经济的高度结合。改革开放之初，中国工业由偏于生产而转向日常消费市场。

市场的作用变得越来越重要，我们在发挥政府的领导作用的同时，也充分发挥市场在资源配置中的决定作用，同时用好政府与市场两只手。新型举国体制是技术与市场经济效益并重。

互动空间

查一查，了解一下北斗工程的七大系统分别是哪些？

第四课　追求卓越

追求卓越，就是要瞄准一流，实现超越发展。在北斗系统研制建设过程中，工程全线克服种种困难，探索出一条从无到有、从有到优、从有源到无源、从区域到全球的中国特色发展道路，凭着追求卓越的精神实现了“弯道超车”。

薪火相传，织就天网凝聚北斗魂

北斗导航系统建设，虽然比美国的全球定位系统、俄罗斯格洛纳斯晚了整整 20 年，但作为“后起之秀”的北斗，并不缺乏胸怀与目光、激情与远方，它在起步之初便树立了雄心斗志——北斗一号解决有无，北斗二号追赶美国的全球定位系统，北斗三号比肩或超越全球定位系统！要么不做，要做就做到极致、做到最好。因此，在建设思路上，北斗系统采取了与

先行者美国的全球定位系统一步建全球不同的发展路径。

美国有钱、有技术，全球定位系统一开始就瞄准无源体制、全球系统，一步走到位。而90年代的我国，经济实力不够雄厚，技术积累也不够厚重，因此，不能简单地照着美国“一步建成全球系统”的路子走，北斗系统必须走我国特色之路。1983年，“两弹一星”元勋、“863计划”倡导者之一陈芳允院士提出一个巧妙的设想：能否让两颗卫星一星多用，既有通信功能，又有导航功能？正是这个设想为中国卫星导航的建设拉开了帷幕。经过两年的研究和论证，1985年，陈芳允院士提出符合当时国情的“北斗一代双星定位”理论，并于1989年成功完成了“双星快速定位通信系统”的演示验证，实现了通过两颗卫星快速定位、通信和定时一体化，至此北斗卫星导航系统初具雏形。这一方案，能以最小星座、最少投入、最短周期实现“从无到有”。

1994年12月，肩负重大使命和怀着满腔热血的孙家栋被任命为北斗一号系统工程总设计师。这一年美国全球定位系统已基本覆盖全球，俄罗斯格洛纳斯已完成星座组网，这对于我国来说这一切才刚刚开始，一切还是未知。未来我国的卫星导航系统该如何建设？接下来的路该怎么走？结合我国当时的经济和航天技术水平，经过反复论证，由孙家栋带领的北斗团队提出了具有中国特色的“先试验、后区域、再全球”的“三步走”发展道路。后来，日本、印度也纷纷效仿。我国为世界卫星导航系统建设提供了创新发展模式。

2014 年，时年 56 岁的杨长风从 85 岁的孙家栋院士手里接过北斗卫星导航系统工程总设计师的重担。当时，北斗二号区域性系统已经建成，正在向北斗三号全球性系统过渡，新的技术问题接踵而至。北斗卫星导航系统的建设坚持“核心器部件百分之百国产化”，而实现这一目标，就需要大量的试验区验证。按照当时的计划，到 2018 年，北斗三号要完成 18 颗卫星组网，全面覆盖“一带一路”国家和地区；到 2020 年则要完成 30 颗卫星发射组网，并向全球用户提供服务。相较于北斗一号与北斗二号，北斗三号又需要创新性地进行星间链路的设计，这是“北斗”全球化的关键，时间紧迫，任重道远。在杨长风总设计师的带领下，设计出星间链路，提升了定位精度，展现中国方案；实现卫星批量化生产，仅用 1 年零 14 天将 19 颗北斗导航卫星送入太空，平均 20 天就将 1 颗导航卫星送入太空，刷新中国速度；核心部件百分百国产化，彰显中国力量。

北斗一号标志着我国在国际上首次实现地球静止轨道卫星提供导航定位服务。北斗二号标志着我国在国际上首创以地球静止轨道和倾斜地球同步轨道卫星为骨干，兼有中圆轨道卫星的混合星座，这种“混搭”组合用最少卫星数量实现最好覆盖效果。北斗三号系统则将“混合星座构型”发扬光大，为建设全球卫星导航系统提供了全新范式。

2020 年 7 月 31 日清晨，北斗系统开通仪式在人民大会堂举行。当时已经 91 岁高龄，“两弹一星”元勋，原北斗一号、北斗二号系统工程总设计师，“共和国”勋章获得者孙家栋院士坐着轮椅来见证这一伟大时刻。

“一体化”设计，引领潮流的“中国智慧”

与其他卫星导航系统相比，北斗系统确有自己的“独门绝技”：除提供全球定位导航授时服务外，还能进行短报文通信，开创了通信导航一体化的独特服务模式，是名副其实的“多面手”。

从功能看，其他卫星导航系统仅能无源定位，因而用户只能知道“我在哪”。而北斗用户则不同，不但自己知道“我在哪”，还能告诉别人“我在哪”“在干什么”。北斗卫星导航系统工程总设计师杨长风说：“这一招很管用，比如突发地震、海上遇险时，在其他通信手段失效的情况下，北斗短报文通信可以成为传递求救信息、拯救生命的最后保险索。”

如今，北斗三号在全面兼容北斗二号系统短报文通信服务的基础上，区域短报文发送能力一次提高近 10 倍，支持用户数量从 50 万提高到 1200 万，而且能实现 1000 个字符的全球短报文通信。此外，北斗三号全球系统还可以提供星基增强、国际搜救、精密单点定位、地基增强等多样化服务，能更好地满足用户的多元化需求。

子在川上曰："逝者如斯夫，不舍昼夜。"

曾经，问日月星辰，感怀最初的梦想！而今，望穹顶之上，尽显中国的智慧。从地面到太空，北斗团队用智慧在天地之间织就北斗天网，英姿飒爽中点亮创新登天路。

雄关漫道真如铁，而今迈步从头越。随着北斗三号系统的全面建成开通，北斗的眼光全面转向世界，服务全球、造福人类的使命让北斗不断勾勒出更加宏伟的蓝图。奋斗不曾懈怠，创新不曾止步，2035 年前我国将建成更加泛在、更加融合、更加智能的国家综合定位导航授时体系，北斗一直奔跑在为人类提供更好导航服务的路上……

知识拓展：导航群星闪耀太空

目前，我们正处在一个群星璀璨的导航时代，在全球任何一个户外地点上，都可以观测到几十颗导航卫星，人们享受的定位导航服务无比快捷、方便。

2021 年 5 月各卫星导航系统在轨运行服务卫星数量	
美国全球定位系统	31 颗
俄罗斯格洛纳斯	23 颗
欧盟伽利略	22 颗
中国北斗	55 颗
印度区域导航卫星系统	7 颗
日本准天顶卫星导航系统	4 颗

互动空间

目前，全球在轨人造卫星数量已达到2600余颗，想一想、查一查这些卫星们会不会像马路上汽车一样“碰撞”呢？有没有“太空交通警察”维持秩序呢？

后　记

你一定从此书中获益良多吧。

时至今日，北斗卫星导航系统依然处于不断完善和发展之中，预计到 2035 年，北斗将成为更加智能、更加泛在、更加融合的综合时空体系，正可谓百尺竿头，更进一步，它必将在更广阔的领域服务和改变我们的生活。

我们的北斗，不仅集中代表中国当代科技的先进水平和一代代北斗人“自主创新、开放融合、万众一心、追求卓越”的时代精神，更激励着华夏儿女在中国梦的宏伟蓝图上增添绚丽的色彩。

仰望星空，北斗璀璨。脚踏实地，行稳致远。作为中学生，未来祖国的建设者和保卫者，不但应该更全面地认识我们的北斗，了解它的发展，从中汲取更多的营养，还应该向北斗人学习，敢于质疑，勇于探索和创新，不断充实和完善自己，提升核心素养。

用你的智慧和汗水不断进取吧！也许不久，你就将成为未来航天队伍中不可缺少的重要成员。